JN239956

Kawaii★ 電子工作

池上恵理 著

本書に掲載されている会社名・製品名は、一般に各社の登録商標または商標です。

本書を発行するにあたって、内容に誤りのないようできる限りの注意を払いましたが、本書の内容を適用した結果生じたこと、また、適用できなかった結果について、著者、出版社とも一切の責任を負いませんのでご了承ください。

本書は、「著作権法」によって、著作権等の権利が保護されている著作物です。本書の複製権・翻訳権・上映権・譲渡権・公衆送信権（送信可能化権を含む）は著作権者が保有しています。本書の全部または一部につき、無断で転載、複写複製、電子的装置への入力等をされると、著作権等の権利侵害となる場合があります。また、代行業者等の第三者によるスキャンやデジタル化は、たとえ個人や家庭内での利用であっても著作権法上認められておりませんので、ご注意ください。

本書の無断複写は、著作権法上の制限事項を除き、禁じられています。本書の複写複製を希望される場合は、そのつど事前に下記へ連絡して許諾を得てください。

出版者著作権管理機構
（電話 03-5244-5088, FAX 03-5244-5089, e-mail：info@jcopy.or.jp）

JCOPY ＜出版者著作権管理機構 委託出版物＞

「かわいい×電子工作」に夢中になっていたら、

いつの間にかこのような本を書かせていただくことになりました。

この本では、かんたんな電子工作を取り入れた、

かわいい作品のつくりかたを紹介しています。

電子工作で必要な知識の紹介は最低限にして、

はじめて挑戦する方でもなるべくとっつきやすい内容にしたつもりです。

もしこの本がきっかけで、「電子工作って楽しいな」と感じた方は、

ぜひもう一歩進んだ電子工作に挑戦してください。

難しいけど、とっても楽しくて、かわいくて、夢中になれる世界が待っています。

本を読み終わったあとは、ここで紹介した電子工作のアイデアを

「もっとこうしたら面白そうだな」とか、「アレに応用できそうだな」など、

妄想をふくらませて、形にしてみてください。

これから生みだされる作品たちに、

電子工作というスパイスがたくさん使われると嬉しいです。

2019 年 11 月　池上恵理

Twinkling magic wand

Singing birthday card

message box

herbarium stand light

Christmas song lease

Introduction
電子工作はかわいい！ 1
1 「かわいい電子工作」？ 2
2 この本の読みかた 3
必要な材料の紹介／電子工作の道具と三つのキホンの紹介
作品のつくりかた／より高度な作品づくりへの案内
3 この本でつくる作品 4
ゆらピカイヤリング／魔法のステッキ／
ふたごのねこのめストラップ 4
癒やしのハーバリウムスタンドライト／
クリスマスソング・ポンポンリース／
おしゃべりメッセージボックス／歌うバースデイ・カード 5

Lesson 1
材料を集めよう 7
1 この本で使う電子部品たち 8
抵抗／LED（light-emitting-diode） 8
7セグメントLED／IC（integrated circuit） 9
モジュール／コンデンサー 10
スイッチ／センサー 11
ICソケット／オス／メスピンヘッダー（コネクター）／
熱収縮チューブ／ユニバーサル基板 12
2 電子基板ってなに？ 13
3 オススメの電子工作ショップ 14
実店舗（ネットショップ併設） 14
ネット専門ショップ 15

Lesson 2
はじめてのはんだづけ 17
1 はんだづけってなに？ 18
キレイなはんだづけ
失敗したはんだづけ 18
2 はんだづけに挑戦しよう！ 20
はんだづけの道具を集めよう 21
回路図ってなに？ 22
Lチカの回路図／実体配線図ってなに？ 23
Lチカの実体配線図 24
Lチカで使う部品 25
はんだづけでLチカしてみよう 26
電源を入れる前に配線をチェックしよう 27
3 ブレッドボードを使ったLチカ 28

Lesson 3
ピカピカ光る　ちいさなアイテムのレシピ 29
Recipe 1　ゆらピカイヤリング 30
準備する材料 31
回路図／実体配線図／つくりかた 32
Recipe 2　魔法のステッキ 34
準備する材料 35

回路図／実体配線図 36
つくりかた 37
Recipe 3　ふたごのねこのめストラップ 39
準備する材料／回路図 40
実体配線図／つくりかた 41

Lesson 4
お部屋を彩る　インテリアのレシピ 43
Recipe 4　癒やしのハーバリウムスタンドライト 44
準備する材料 45
回路図／実体配線図 46
つくりかた 47
Recipe 5　クリスマスソング・ポンポンリース 48
準備する材料 49
回路図／実体配線図 50
つくりかた 51

Lesson 5
大切な人に贈る　プレゼントのレシピ 53
Recipe 6　おしゃべりメッセージボックス 54
準備する材料 55
回路 56
実体配線図 57
つくりかた 58
Recipe 7　歌うバースデイ・カード 59
準備する材料 60
回路図 61
実体配線図 62
つくりかた 63

Conclusion
電子工作界のもっと深いところへ！ 65
1 より自由な作品づくりのために 66
マイコンでもっと自由に創作を楽しもう 68

Appendix
電子工作の基礎知識 69
1 電子回路で使う計算のはなし 70
オームの法則／電池が持つ時間を求める 70
2 回路図記号のはなし 71
3 抵抗のはなし 72
合成抵抗の計算 72
カラーコードのはなし 73
E系列のはなし 74
消費電力のはなし／素材のはなし 75

Index 76

Introduction

Kawaii Denshi Kosaku

電子工作はかわいい！

1 「かわいい電子工作」?
Introduction

　この本では、ハンドメイドグッズやコスプレアイテムなどの、個人が制作する作品に取り入れやすい電子工作のアイデアを紹介しています。手づくりのアクセサリーやインテリアの小物をピカピカ光らせたり音を鳴らしたりする、ちょっとしたしかけをつくってみましょう、ということです。

　この本には、難しい数式やプログラムはいっさい登場しません。電子工作に最低限必要な知識のみを紹介して、さくさくと実際の作品づくりに進んでいきます。ふだん刺繍やレジンなどで創作を楽しんでいる方なら手軽に取り入れられる難易度なので、軽い気持ちで読み進んでいただきたいと思います。

　つくるものは、部屋に飾ったりプレゼントにしたりできる、かわいい作品たちです。なるべく応用しやすく、汎用性のある電子工作アイデアを詰めこんでいるので、ご自身の作品に組みこむときにアレンジを楽しんでいただければ幸いです。

　自分がつくったものが動くという体験は、つくる工程における悩みや苦労を吹き飛ばすくらい、とてもワクワクできることです。この本をとおして、電子工作の楽しさも感じていただければ嬉しいと思っています。

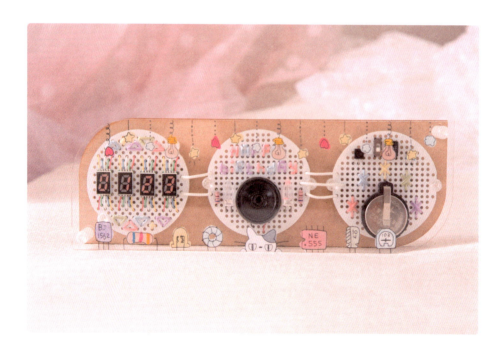

2 この本の読みかた

Introduction

　この本では、次の四つのことを説明します。順番に読むのがオススメですが、「電子工作って言われてもイメージがわかないな」という方は、作品のつくりかたを先に読んでイメージを膨らませたあとに最初から読み直すのもオススメです。

※ 必要な材料の紹介 `p.07〜p.15`

　光ったり鳴ったりする作品をつくるために必要な材料——電子部品や電子基板を紹介します。オススメのショップも紹介するので、準備の参考にしてください。ネットショップもあるので、お住まいの地域がどこであっても大丈夫です。

※ 電子工作の道具と三つのキホンの紹介 `p.17〜p.28`

　電子工作で作品をつくるために必要な道具と、三つの基本を説明します。

- はんだづけのしかた
- 回路図や実体配線図の読みかた
- 動作確認のしかた

　はじめてのLチカ（あとで説明します！）までに必要な知識と手順を写真付きで説明するので、作品をつくる前に、ここで説明するとおりに練習してみてください。

※ 作品のつくりかた `p.29〜p.64`

　この本では、七つの電子工作のレシピが登場します。それぞれのつくりかたを、回路図・実体配線図・写真を使って紹介します。

※ より高度な作品づくりへの案内 `p.65〜p.75`

　電子工作自体に興味を持った方や、もっと知識を深めたい方向けに、もう一歩進んだ「電子工作でできること」を紹介します。

　この本は「かんたんに楽しくつくること」を重視したので、プログラミングなどのすこし高度な技術は使っていません。とはいえプログラミングができるとより自由に制作を楽しめるので、ステップアップしたい方はここまで読み進めてください。

3 この本でつくる作品
Introduction

この本で紹介する七つのレシピ、それぞれの特徴をかんたんに紹介します。

ゆらピカイヤリング

歩くときの振動で、ボールの中に入っているLEDがピカピカ光るイヤリングです。

魔法のステッキ

光る魔法ステッキです。
子供のころに憧れた
ヒロインやヒーローのアイテムをつくって
光らせてみませんか？

ふたごの
ねこのめストラップ

とらねことくろねこをくっつけると
センサーが反応して目が光るストラップです。

癒やしの
ハーバリウムスタンドライト

ハーバリウムをスタンドライトにできる作品です。
光る台座をつくってハーバリウムを載せると
ベッドルームにぴったりなスタンドライトになります。

クリスマスソング・
ポンポンリース

ポンポンに隠れている
基板とつながったヒモを引くと
クリスマスソングが流れるリースです。

おしゃべりメッセージボックス

箱の裏側にあるボタンを押すと
録音したメッセージが流れるボックスです。
気持ちを伝えるプレゼントにぴったりです。

歌うバースデイ・カード

電子部品を前面に出した
音楽と光でお祝いする
誕生日カードです。

Lesson
1

Kawaii Denshi Kosaku

材料を集めよう

1 この本で使う電子部品たち
Lesson 1

　電子部品とは、**電子回路**を構成する部品のことです。電子部品にはそれぞれ役割があって、それらを組み合わせて特定の働き──たとえば揺れるとLEDが光るなど──をするように構成すると電子回路になります。お部屋の照明や時計などの身近なアイテムも、電子部品とそれによって構成される電子回路で動いています。

　ここでは、この本で使う電子部品について、かんたんな概要と使いかたを紹介します。Lesson 3以降で部品の役割がわからなくなったら、振り返って確認してください。

❋ 抵抗

　抵抗は、電流の流れを妨げる部品です。電子回路は、電流の大きさを制限せずにたくさん流してしまうと、部品が壊れたり燃えてしまったりします。抵抗は電流を適切な量にする調整役です。抵抗値が大きいほど、電流を妨げる力が強くなります。抵抗の値を表す単位は**Ω（オーム）**です。値が大きくなると、kΩ（キロオーム）やMΩ（メガオーム）と表記します。

　イラストの下側のように足が付いているものは**リード抵抗**、上側のように四角いものは**チップ抵抗**と呼びます。

❋ LED（light-emitting diode）

　LED（light-emitting diode）は、電流を流すと光る部品です。抵抗とセットで使います。抵抗で電流の量を制限せずにたくさん流してしまうと、壊れてしまうので気をつけてください。

　LEDは、電流の流せる方向が決まっています。足付きLEDの場合、足の長い方から短い方に電流が流れます。逆方向には流れず、無理やり流そうとすると部品が壊れてしまいます。電流が流れる方向の入口（足の長い方）を**アノード**、出口（足の短い方）を**カソード**といいます。

❋ 7セグメントLED

7セグメントLEDは、デジタル数字を表示できるLEDです。七つの部分（**セグメント**）からできているので、7セグメントLEDと呼ばれます。足の数を減らすために、部品の内部でアノードもしくはカソードが共通化されています。この本で使うものはアノードが共通化されている「アノードコモンの7セグメントLED」です。カソードが共通化されているものは「カソードコモンの7セグメントLED」といいます。

❋ IC（integrated circuit）

IC（**integrated circuit**）は、黒い四角形の中にたくさんの回路が詰まっていて、決められた役割をこなすことができる部品です。足の数が多いほど、たくさんの役割をもっています。

● メロディーIC

メロディーICは、電気を流すとメロディーを流す（出力する）ICです。出力端子（三つの足のうち一つ）にスピーカーをつないで使います。Recipe 7の歌うバースデイ・カードで使うメロディーICは、Happy Birthday to Youのメロディーを流します。

Column

電子部品の「足」ってなに？

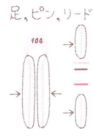

抵抗やLEDやICの本体から出ている金属の端子を**足**や**ピン**、**リード**などと呼びます。部品によって、足の数は変わります。

扱うときは、手や指に刺さらないように気をつけてください。また、床に落として踏んでしまうと痛いので、落とさないようにしましょう。

● 音声録音／再生IC

音声録音／再生ICは、ボタン操作で録音／再生ができるICです。マイクとスピーカー、そして操作用のボタンをつないで使います。マイク・スピーカー・ボタンの三つを接続するため、この本で使うほかのICと比べて、足がたくさん付いています。

● アンプIC

アンプICは、入力された信号レベルを大きくするICです。アンプとは、英語で増幅器（amplifier）を指します。Recipe 6のおしゃべりメッセージボックスでは、音声録音／再生ICの音を大きくするために使います。

　ICの各ピンがもっている機能は、**データシート**と呼ばれる部品の詳細説明書に記載されています。この本ではデータシートを見なくても作品がつくれるようになっていますが、気になる方は部品の名前の後ろに「データシート」と足してWebで検索してください。その部品のデータシートを見ることができます。

❋ モジュール

　モジュールは、複数の電子部品で構成された、なんらかに特化した機能をもっている部品です。この本では、**MP3プレイヤーモジュール**を使います。このモジュールは、SDカードに保存されたMP3音源（音のデータ）を読みこんで再生する役割をもっています。基板には、SDカードソケットと、SDカードからMP3音源を読みこんで出力する機能をもったIC、そしてアンプICが搭載されています。SDカードソケットにSDカードを挿入し、スピーカーと操作用のボタンを接続して使います。

❋ コンデンサー

　コンデンサーは、電気をためる部品です。コンデンサーの値（容量）が大きいほど、たくさん電気をためることができます。

　電気をためる量を表す単位は**F（ファラッド）**です。足付きコンデンサーは、体に容量の値が書いてあります。この本では、雑音を除去するために使います。

※ スイッチ

スイッチは、「押す」「スライドする」などのアクションによって、電気の通り道を開けたりふさいだりする部品です。アクションにより、電気の通る道がなかった部分に新しい通路ができます。電源のON／OFFや、動作開始の合図などとして使います。この本で使うスイッチは、全部で3種類です。

● プッシュスイッチ

プッシュスイッチは、ボタンを押すアクションにより、電気が流れる部品です。

● スライドスイッチ

スライドスイッチは、つまみをスライドさせるアクションにより、電気が流れる部品です。

● リードスイッチ

リードスイッチは、磁気に反応して、電気が流れる部品です。リードスイッチに磁石などの磁気を帯びた物体を近づけると電気が流れて、遠ざけると止まります。

※ センサー

センサーは、光や音、モノの動きなどを検出して、なんらかの働きをする部品です。この本では、振動センサーと圧力センサーの2種類を使います。

● 振動センサー

振動センサーは、振動が与えられると電気を流す部品です。Recipe 1のゆらピカイヤリングでは、イヤリングが揺れたときにLEDを光らせるために使います。

● 圧力センサー

圧力センサーは、与えられた圧力によって抵抗の値が変化する部品です。Recipe 2の魔法のステッキでは、光の色を変えるために使います。

❋ ICソケット

ICソケットは、基板からICを抜き差しできるようにする取りつけ口です。ICを抜き差ししたい基板に取りつけて使います。Recipe 6のおしゃべりメッセージボックスでは、音声録音/再生ICを抜き差ししやすいように使います。

❋ オス/メスピンヘッダー（コネクター）

オス/メスピンヘッダーは、複数のモノをつなぐ部品です。通常は、オスとメスを対にして使います。オスピンを抜き差ししたい部品に、メスピンを基板に取りつけると、部品が抜き差しできるようになります。両方とも、単にコネクターとも呼びます。

❋ 熱収縮チューブ

熱収縮チューブは、熱を加えると収縮するチューブです。電線の保護や絶縁のために、電線に被せて、収縮させて使います。この本では、太いもの（直径15φ）と細いもの（1.5φ）の2種類を使います。

❋ ユニバーサル基板

ユニバーサル基板は、電子部品を付けるための穴が開いた板です。板には等間隔に穴が開いていて、穴の周りに**ランド**と呼ばれる金属面があります。穴の間隔は、2.54mm（1 milli-inch）や2mmなどがあります。

ランドは、部品を基板にはんだづけするときの足がかりとして使うものです。片面だけにランドが付いているものを**片面基板**、両面に付いているものを**両面基板**といいます。この本で使うユニバーサル基板は、すべて2.54mmピッチです。足を差しこみランドで固定するので、片面基板の場合は、ランドのない側から部品の足を差しこみましょう。

基板の形は四角が主流ですが、丸いものもあります。この本では、丸い基板も使います。

2 電子基板ってなに？

Lesson 1

　電子基板とは、電子回路が組まれている板のことです。言葉だけだとわかりづらいかもしれませんが、実際に見てみれば「これか」と納得できると思います。

　電子基板を見てみたい場合は、製品を分解してみるのが一番手軽です。普段使うものや高級なものだと、もとに戻せなかったときの損が大きいので、100円ショップやジャンクパーツ店などで売られている安い製品を分解するのがオススメです。

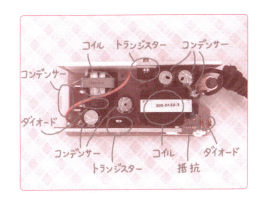

　上の写真は、秋葉原のパーツ店で買った300円の電源アダプターを分解したものです。

　この電子基板は、片面基板です。基板の表面に電子部品が載っていて、裏面で基板と部品がはんだづけされています。電子部品は、先ほど紹介したコンデンサーや抵抗のほかに、コイルやダイオードなどが載っています。

3 オススメの電子工作ショップ

Lesson 1

　先ほど紹介した部品や基板は、電子工作のお店で買うことができます。ここでは、電子部品や電子工作キットを買うときに、オススメのお店を紹介します。実店舗だけでなくネットショップも併せて紹介するので、近場にお店がない方でも安心です。

※ 実店舗（ネットショップ併設）

　おもに東京になりますが、実際に店舗を構えているお店を紹介します。いずれも電子工作をする人にとっては馴染み深い有名店で、品ぞろえが豊富です。

- ● 秋月電子通商
  - URL : http://akizukidenshi.com/catalog/

　東京の秋葉原と、埼玉の八潮に実店舗があります。ネットショップもあり、こちらは10,000円以上購入すると送料無料になります。

　ポピュラーな電子部品がまんべんなくそろっています。新製品の入荷も多く、流行りにいち早く対応しているお店です。

- ● 千石電商
  - URL : https://www.sengoku.co.jp/

　東京の秋葉原に実店舗があります。ネットショップは10,000円以上購入すると送料無料になります。

　足付き部品のばら売りが豊富です。実店舗にはオーディオ部品専門フロアなどもあり、ジャンルによるフロア分けが特徴のお店です。

- ● aitendo
  - URL : http://www.aitendo.com/

　東京の秋葉原（上二つとはすこし離れた末広町付近）に実店舗があります。ネットショップもあります。

　中国からの輸入部品が多く、ほかのお店では見たことないような部品に出会うことができます。女性の店員さんが多い点も特徴です。

- マルツ

  URL：http://www.marutsu.co.jp/

　全国各地（宮城・東京・石川・福井・静岡・愛知・京都・大阪・福岡）計11か所に実店舗があります。ネットショップもあります。

　実店舗には、ほかのお店に置いてないような製品があります。工具・キット・ケースなど、さまざまな電子工作のアイテムがそろっています。

※ ネット専門ショップ

- RSコンポーネンツ

  URL：https://jp.rs-online.com/web/

　電子部品から測定器まで、電子工作で使うさまざまなものの品ぞろえが豊富です。即日配送もしており、合計8,000円以上購入すると送料無料になります。

- スイッチサイエンス

  URL：https://www.switch-science.com/

　流行りのマイコンボード・キット・センサーなどを販売しているネットショップです。個人がつくった製品の販売受諾システムがあるため、個性的な製品を購入することもできます。

- Adafruit

  URL：https://www.adafruit.com/

　マイコンボード（p.66で説明します！）や、マイコンボードと一緒に使うモジュール製品などを販売している海外の電子工作ネットショップです。設立者はMIT（マサチューセッツ工科大学）出身の女性エンジニアLimorで、Webサイトもおしゃれな雰囲気です。

Lesson
2

Kawaii Denshi Kosaku

はじめてのはんだづけ

1 はんだづけってなに？
Lesson 2

　電子工作で避けては通れないこと、それは**はんだづけ**です。はんだづけとは、熱して溶かした金属で電子部品どうしをくっつけることです。はんだづけは、電子部品の足どうしを電気的に接続するために行います。
　はんだづけには、**はんだごて**と**はんだ**が必要です。はんだはスズと鉛でできた合金で、これをはんだごてという加熱された棒で熱して液状に溶かし、金属どうしをくっつけます。はんだごては非常に高温になるので、使うときはやけどに十分に注意してください。なお、鉛は人体にとって有害物質であるため、はんだは鉛の入っていない鉛フリーはんだがオススメです。
　やけどにさえ気をつければ、はんだづけは難しくありません。熱したフライパンでバターを溶かすようなものです。まずは挑戦してみてください。はんだづけができるだけで、作品づくりの幅は大きく広がります。このLessonではんだづけのしかたを理解して、実際にできるようになりましょう。YouTubeなどではんだづけのお手本動画を見て挑戦するのもオススメです。

※ キレイなはんだづけ

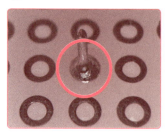

　まずは、実際にはんだづけされたものを見てみましょう。左の写真は、キレイなはんだづけのお手本です。はんだがツヤツヤしていて、はんだ量も適切です。
　キレイなはんだづけはミスを減らすことにつながるので、お手本写真のようにできると理想的です。とはいえ、はんだづけの目的は部品どうしを電気的に接続することなので、はじめのうちは見た目のキレイさよりも目的達成を意識してみてください。

※ 失敗したはんだづけ

　はんだづけできちんと金属どうしがくっついていないと、接続不良で作品が思ったとおりに動きません。代表的な失敗例を紹介するので、「回路図どおりに部品をくっつけたつもりなのに、うまく動かない」と思ったら、次の点を確認してください。

- いもはんだ

  はんだが丸く固まり、表面がザラザラしてツヤがありません。衝撃や振動ですぐに接続が切れてしまいます。

  改善！ はんだをしっかり熱して付ける。はんだが冷えるまで接続部をしっかり固定する。

- はんだ忘れ

  はんだづけすべきところが、はんだづけされていません。

  改善！ 回路図を再確認してはんだづけする。

- はんだ不足

  くっつけたい部分にはんだがうまく載っていません。

  改善！ くっつけたい金属をしっかり温めて、はんだを適量載せる。

- はんだブリッジ

  意図しない部分とつながってしまっています。

  改善！ はんだの量を減らす。また、つながっている部分を除去する。

Column

はんだごての持ちかた

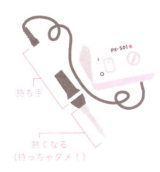

　　はんだごては、はんだを溶かすために先端の金属部分が熱くなります。そのため、金属部分を持ってはいけません。金属より上の部分に持ち手があるので、そこを持つようにしましょう。

　「はんだごて　持ちかた」で画像検索すると金属部分を持っている写真がたくさん出てきますが、これらは誤りです。やけどをしないよう気をつけてください。

2 はんだづけに挑戦しよう！
Lesson 2

　電子工作とも関係があるプログラミングの世界では、画面にHelloWorldと表示させることが、はじめの一歩といわれています。プログラミング界のはじめの一歩がHelloWorldであるならば、電子工作界のはじめの一歩は**Lチカ**（エルチカ）です。Lチカとは、LEDをチカッと光らせることです。

　ここでは、実際にはんだづけして、Lチカに挑戦してみましょう。はんだづけをしたことがない人は、Lesson 3以降の作品づくりに挑戦する前に、まずはここで説明するとおりにはんだづけを練習してみてください。Lチカは最初の一歩で、そしてすべての基本です。

　Lチカに挑戦することで、こんなことができるようになります。

- 安全なはんだづけの方法が理解できるようになる
- 回路図の見かたが理解できるようになる
- 実体配線図の見かたが理解できるようになる
- 動作確認のしかたが理解できるようになる

回路図や実体配線図はあとで説明するので、まずは読み進めてみてください。

※ はんだづけの道具を集めよう

まずは、はんだづけに必要な道具を用意しましょう。はんだづけには、はんだごてとはんだのほかに、表で「◎」が付いている道具が必要です。「○」はあれば便利なものなので、なくても挑戦可能です。

必須	道具のなまえ・やくわり		オススメの道具(型番)	値段
◎	はんだ	金属どうしを接合するための、はんだごての熱で溶ける金属	KR-19 RMA (0.8mm)	¥1,250
◎	はんだごて	はんだを熱して溶かす	PX-501	¥13,200
◎	小手先	はんだごての先端部	PX-60RT-2CR	¥770
◎	はんだごて台	はんだごてを置く台	ST-77	¥2,090
◎	はんだメッキ線	配線に使用する（スズメッキ線でも代用可能）	HLD-FSS 0.6N	¥900
◎	はんだ吸い取り線	はんだづけに失敗したときに、はんだを除去する	CP-3015	¥286
◎	ニッパー	電線を切る	N-35	¥2,860
◎	ワイヤーストリッパー	電線の被覆をはがす	P-967	¥3,586
◎	ピンセット	電子部品を掴む	P-891	¥1,551
◎	テスター	回路の接続を確認する	DT-830B.3L	¥700
◎	ブレッドボード	電子部品を差して回路を組む	EIC-801	¥270
○	ペンチ	電子部品の足を曲げる	P-37	¥2,508
○	ヒートクリップ	はんだごての熱から部品を守る	H-2SL	¥308
			◎の合計	¥26,213

こっちにする　25,000円高い…と思った方…
choice
100円　VS　1000円

安いものをえらべば全部で5,000円程度にひようをおさえられます

21

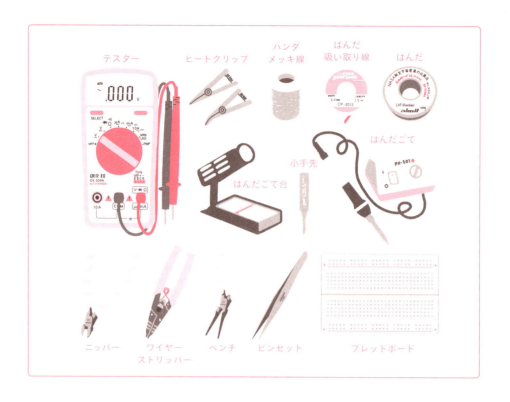

　表を見ると初期費用が高額ですが、長くずっと使うことができて、電子工作以外の用途でも日常で使う機会のある道具たちです。もし「電子工作を続ける可能性が低いかも」とか「多少機能が落ちてもいいから初期費用を抑えたい」という方には、はんだごて・ヒートクリップ・はんだ・はんだ吸い取り線などがセットになった、3,000円以下で購入できるお得なセットがあります。また、ペンチやニッパーなどは100円ショップで取り扱っている場合もあります。必ずしも表に書いてある型番の道具でなければいけないわけではないので、ご自身の予算に合わせて道具を選んでみてください。

※ 回路図ってなに？

　回路図は、電子部品をかんたんな記号で表現し、その部品どうしがどのようにつながっているかを示した図です。実際の基板上の部品の位置とは無関係で、単純な接続のみを示しています。次ページの回路図を見てください。たとえば抵抗はギザギザの線と「R1」「270」という文字で表現されています。ギザギザの線は**回路図記号**、「R1」は**部品番号**、「270」は抵抗値です。Appendix（p.71）に回路図記号の表があるので、わからなくなったら参照してください。

※ Lチカの回路図

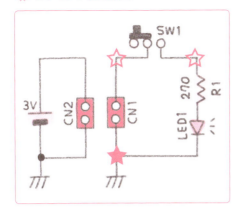
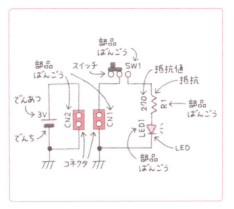

　Lチカの回路図は、おもに電池・抵抗・LEDで構成されています。上の図で、電池は「3V」、抵抗は「R1」、LEDは「LED1」と書いてある記号です。「CN1」と「CN2」は電源とそれ以外をつなぐオス／メスピンヘッダー（コネクター）です。

　電池（電源）の記号は、短いほうがマイナスです。実際に作業するときは、プラスとマイナスの方向に注意してください。また、左下にあるホウキのような記号は「グラウンド（GND）」で、回路の基準となる電圧（0V）を示します。すこし難しいので詳細は省きますが、この本では、単に「この記号がある側がマイナス」と思ってください。GNDは単なる概念図なので、どこかに接続する必要はありません。電流は電圧の高い方から低い方へ流れるので、この回路図では時計回りに流れます。そしてLEDは足の長い方（アノード）から短い方（カソード）に向かって電流が流れるので、上の図であれば、抵抗側がアノードで、コネクター側がカソードです。

　この回路の電源は、単四電池（1.5V/1本）×2本で合計3Vです。今回使うLEDには3mA程度の電流を流したいので、電源とLEDの間に270Ωの抵抗が入っています。電源のON／OFFはスライドスイッチで切り換えます。この回路はコネクターによって電流のループに切れ目をつくっています。図中のCN1とCN2をつなげると回路が一つになり、スイッチで電源をON／OFFできるようになります。

※ 実体配線図ってなに？

　実体配線図は、「基板のどこに部品を置いて、どう配線するのか」を示している図です。この本では、p.25で説明する部品カードと同じイラストで描いています。

　実体配線図は絶対に必要なものではないのですが、「配線を間違いにくくなる」「回路図と基板を見比べやすくなる」などの利点があるため便利です。

※Lチカの実体配線図

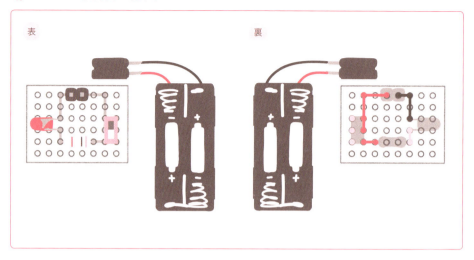

　次ページにある部品カードでどのイラストがどの部品か確認しながら、実体配線図と回路図を見比べてください。どの回路図記号がなんの部品を表しているのか、どうやってつないでいるのか、回路図よりわかりやすくなったのではないでしょうか。わからない記号や配線は、実体配線図で確認してください。

Column

LEDの電流を制限する抵抗の計算

　LEDは電流が大きいほど明るく光りますが、流せる電流の最大値が型番ごとに決まっています。また、LEDには**順方向降下電圧（Vf）**という電圧をかけても電流がほとんど流れない区間があり、これも型番ごとに異なります。これらの情報はデータシートで確認できるので、自分で回路図を設計するときは計算します。この本では回路図どおりにつくれば計算する必要はありませんが、方法も記載しておきます。

　Lチカで使用するOSR5PA3E34Bの場合、流せる最大電流は35mA、Vfは2.2Vです。電源が3Vなので、今回のようにLEDに3mA流したい場合は、以下のように計算します。

$$\Omega = (電源3V - Vf 2.2V) \div 3mA$$
$$\Omega = 約270\Omega$$

※ Lチカで使う部品

Lチカの回路図と実体配線図を参照しながら、基板に回路をはんだづけしましょう。

● 準備する部品

Column

部品カードの見かた

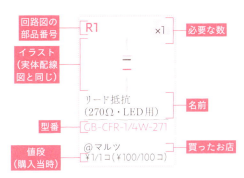

この本では、左のようなカードで材料を示します。材料集めの参考にしてください。

カードの左上にあるアルファベットや数字は、回路図においてその部品を表す部品番号です。また、イラストは実体配線図においてその部品を表すものです。回路図や実体配線図で「この部品はなんだろう？」とわからなくなったときは、部品番号やイラストからどの部品か調べてください。

※ はんだづけでLチカしてみよう

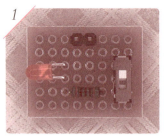

1 回路図と実体配線図を参考に、部品を基板の穴に差しこみます。写真は、上にコネクター、右にスライドスイッチ、左にLED、下に抵抗が差しこまれています。LEDは、長い足が下、短い足が上に差しこまれています。

2 はんだづけをするときに裏返すので、裏側で足を曲げたり、マスキングテープで固定したりして、裏返しても部品が穴から抜けないようにしましょう。裏返したら、LEDと抵抗の余分な足をニッパーで切ります。

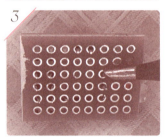

3 はんだごての電源を入れ2〜3分待ち、温めます。温度設定できる場合の目安は、鉛フリーはんだなら350℃、鉛入りはんだなら320℃程度です。はんだごてが温まったら部品の足とランドに小手先を当ててはんだを付ける部分を3秒程度温めます。

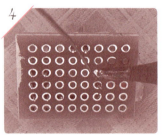

4 温めている部分に糸はんだの先端を当てて、はんだを流しこみます。はんだがはんだごての熱で溶かされ、液体になり、金属部分に広がっていきます。

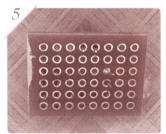

5 適量のはんだを流しこんだら、はんだを部品から離します。はんだを離したら、はんだごても部品から離します。

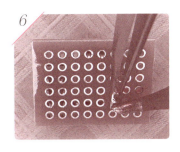

すべての部品をランドに固定できたら、はんだメッキ線を使って、3〜5のStepを繰り返して部品どうしをはんだづけします。

3〜5を繰り返すと、はんだごての先が汚れてきます。汚れるとはんだが溶けにくくなるので、水を含ませたスポンジで適宜掃除してください。

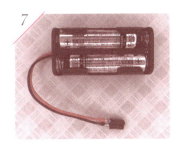

すべての部品のはんだづけが終わったら、基板に付けたオスピンヘッダーと対になる、メスピンヘッダーを電池ボックスに付けます。終わったら、単四電池をセットします。

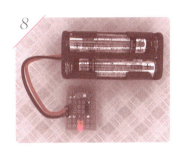

配線チェック（あとで説明します！）をしてから、基板と電池を接続します。プラスとマイナスを逆につながないように気をつけましょう。スライドスイッチをONしたりOFFしたりして、LEDが光ったり消えたりするのを確認できたら完成です。

※ 電源を入れる前に配線をチェックしよう

　はんだづけが終わったら、電源を入れる前に、配線が合っているかどうか目視とテスターでチェックしましょう。配線が間違っていると、LEDが光らなかったり燃えてしまったりします。はんだづけしたら配線チェックをするクセをつけてください。

　まずは回路図や実体配線図と見比べて、目で確認してください。目視確認が終わったら、テスターで確認します。テスターの使いかたは、お持ちのテスターの説明書を確認してください。テスターのリードを当てるのは、回路図の☆と★の部分です。説明書と回路図をよく見て確認してください。とくに電源のショートチェックは重要です。電源がショートしていると電池が液漏れしたり、高温になってやけどしたりする恐れがあります。

3 ブレッドボードを使ったLチカ
Lesson 2

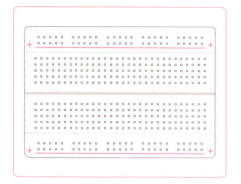 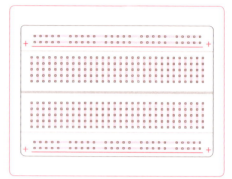

　基板にはんだづけするのは時間がかかりますが、ブレッドボードを使うと、はんだづけしなくても回路の動作をかんたんに確認できます。ブレッドボードは、上の左側のイラストのような見た目をしています。基板と同じように2.54mmピッチで穴が開いており、電子部品を穴に差しこんで使用します。

　ブレッドボードは、中で穴がつながっています。つながっている穴とつながっていない穴をうまく使って、配線を行うことができます。上の右側のイラストは、ピンクのマーカーでつながっている穴を示しています。

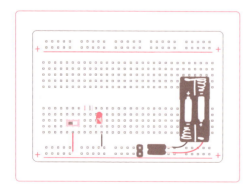

　左のイラストは、ブレッドボードを使用したLチカの実体配線図です。基板を使用したLチカと同じ回路図を、ブレッドボード上で組むことができます。実体配線図どおりに部品を差しこんで配線チェックを行ったら、基板のときと同じように動作確認を行ってください。

Lesson
3

Kawaii Denshi Kosaku

ピカピカ光る
ちいさなアイテムのレシピ

Recipe 1
Tiny & Sparkly

ピカピカ光る ちいさなアイテムのレシピ

ゆらピカイヤリング

動画はこちらを
チェック♪

　ゆらゆらと振動に反応して、LEDが光るイヤリングです。歩いたり指で揺らしたりすると、LEDが光ります。直径約3cmの球体の中に、電池・LED・振動センサーが詰めこまれていて、振動センサーが反応すると電気が流れてLEDが光るしくみになっています。

❊ Material　準備する材料

LED1 好きな色 ×1コ
パステルカラーLED
OSCD4L5111A
@秋月電子通商
¥30/1コ（¥150/5コ）

R1 ×1
リード抵抗
（200Ω・LED用）
GB-CFR-1/2W-201
@マルツ
¥1/1コ（¥100/100本）

SW1 ×1
スライドスイッチ
（電源用）
IS-2235-G
@秋月電子通商
¥25/1コ（¥100/4コ）

SW2 ×1
振動センサー
SW-18010P
@Amazon
¥70/1コ（¥700/10コ）

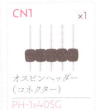
CN1 ×1
オスピンヘッダー
（コネクター）
PH-1x40SG
@秋月電子通商
¥1/1ピン（¥35/40ピン）

CN2 ×1
メスピンヘッダー
（コネクター）
FHU-1x42SG
@秋月電子通商
¥2/1ピン（¥80/42ピン）

×2
コイン型電池
CR1220
@秋月電子通商
¥50/1コ

長さ5m ×2本
はんだ吸い取り線
CP-3515
@千石電商
¥2/1cm（¥320/1.5m）

2cm ×1本
熱収縮チューブ
（15φ・透明）
SUMITUBE-C-15×0.3×1m-CLR
@千石電商
¥4/1cm（¥368/1m）

2cm ×1本
熱収縮チューブ
（1.5φ・透明）
SUMITUBE-C-1.5×0.2×1m-CLR
@秋月電子通商
¥1/1cm（¥40/1m）

好きな色 1cm×7本
電線（配線用）
UL3417 AWG32 L-2×7
@千石電商
¥1/1cm（¥780/7色各2m）

×1
クリアボール
（直径3mm）
4571253481381
@東急ハンズ
¥23/1コ（¥185/5コ）

×1
イヤリング金具
2401017991660
@東急ハンズ
¥87/1コ（¥174/1ペア）

×1
紙やすり #320
4962308281283
@東急ハンズ
¥51/1枚

★一つぶんの数なので、1ペアつくるときは、それぞれ2倍の数を準備してください。

✦ Arrange

アレンジレシピ

光るトマトストラップ

　イヤリング以外にも、ヘアゴムやキーホルダーなどのゆらゆら揺れやすいモノにアレンジできます。電流の通る道を二つつくって光りかたを変えたり、フルカラーLED（赤・緑・青の3色が一つにまとまっているLEDのこと。詳しくはp.36のコラムを参照してください）を使って、色を変えたりできます。

　自分で身につけるものでなくても、たとえばペットの首輪にチャームとして取りつけると、夜の散歩でもペットがどこにいるかわかりやすくなります。光ったら嬉しいモノを考えて、アレンジを楽しんでください。

❄ Circuit Diagram　回路図

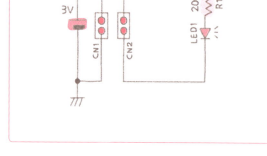

振動センサーの特性を利用して、振動すると光るしくみを作っています。電池は直径12.5mmのCR1220を二つ使っています。CR1220は3Vなので一つでもLEDは光りますが、すこし弱めの光になってしまいます。よりピカッと光らせるために今回は二つ使いました。電池の交換を考えて、電池部（回路図左側）と本体部（回路図右側）は取り外しができるように、コネクターでつないでいます。

❄ Real Wiring Diagram　実体配線図

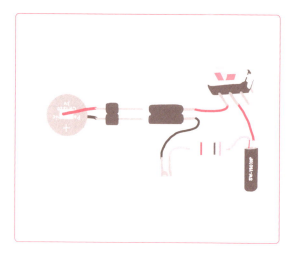

基板に固定しない配線方法（**空中配線**）で、部品どうしを接続します。できるだけ細い線で振動センサーを配線すると、揺れに反応しやすくなります。今回は0.54mmの電線（UL3417）を使います。この回路は、大きく分けて、電池部と本体部の2部構成です。電池部は向かって左側、本体部は右側で、コネクターでつなげられます。電池が切れたら、新しい電池部と交換できるしくみです。

❄ How to Make　つくりかた

1
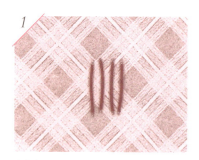

本体部をつくります。部品どうしをつなぐ電線を約1cmの長さにカットし、**予備はん**だします。予備はんだとは、電線の端の被覆をワイヤーストリッパーですこしはがし、あらかじめはんだを付けておくことです。はんだづけをキレイかつスムーズに行うための前処理です。

2

電池部以外の部品どうしを、予備はんだした電線でつなげていきます。実体配線図と回路図をよく見て、どの部品のどの足とをつなぐのかを確認し、はんだづけを行ってください。

3

ショートしないように、はんだづけ部分は細い熱収縮チューブ（φ1.5）でカバーします。約5mmにカットしたチューブを接続部にはめて固定します。熱収縮チューブは、はんだごての小手先で触れると収縮して固定されます。

4

1〜3のStepを繰り返して、部品どうしを接続していきます。本体部のはんだづけはこれで終わりです。次に電池部をつくっていきます。

5

取り換えのできる電池部をつくります。はんだ吸い取り線に、たっぷりとはんだをしみこませ、正方形に切り出します。これを二つ準備します。

6

はんだ吸い取り線に約1〜1.5cmの電線をはんだづけします。終わったら、その電線のはんだ吸い取り線が付いていないほうと、オスピンヘッダーをはんだづけします。はんだづけした部分を細い熱収縮チューブ（φ1.5）でカバーします。

7

コイン型電池二つをプラスとマイナスがくっつくように重ねて、太い熱収縮チューブ（φ15）に入れます。Step 6でつくったはんだ吸い取り線付きの電線の、はんだ吸い取り線部分が、電池の両側と接するようにチューブに入れます（直列接続）。

8

はんだごてで熱収縮チューブに触れて収縮させ、電池とはんだ吸い取り線をチューブ内に閉じこめます。作業中、電池がショートしないように、チューブのみにはんだごてが触れるよう気をつけてください。

9

電池部と本体部のコネクターをつなぎます。プラスとマイナスを逆につながないように気をつけてください。スイッチをONして、センサーに指でツンツンと刺激を与え、LEDがピカピカを光るのを確認します。

10

回路を詰めこむクリアボールを加工します。透明ボールの表面と内面を、紙やすりで削ります。中の回路が透けて見えないように、全体的にムラなく削ります。

11

スイッチをONにした状態で、ボールの中に回路を入れます。ボールが揺れると中のLEDが光るのを確認します。

12

ボールをイヤリングに加工します。カンを通すための1〜2mm程度の穴を、ハンドドリルで開けます。開けた穴にカンを通してイヤリング金具を付けます。お好みでリボンやタッセルなどを付けたり、ボールに油性ペンで色を塗ったりして飾りつけたら完成です。

33

Recipe 2
Tiny & Sparkly

ピカピカ光る ちいさなアイテムのレシピ
魔法のステッキ

動画はこちらを
チェック♪

　グラデーションで光る魔法のステッキです。子供のころに憧れた魔法のステッキを再現したり、オリジナルの魔法のステッキをデザインしたりして、光らせてみましょう。圧力センサーを使い、持ち手の下のほうにある飾りを押すと色が変わるしくみをつくって、不思議な魔法の雰囲気を表現しています。

❖ Material　準備する材料

電子部品 / ハンドメイド用品

Column　ハンドメイドグッズに使えるセンサーたち

　センサーには、いろんな種類があります。この本では振動センサーや圧力センサーを使いますが、ほかにも、光センサー・温度センサー・加速度センサーなどがあります。光センサーは明るさを、温度センサーは周囲の温度を、加速度センサーはモノの傾きや振動などの動きを測れます。

　光センサーを使うと「暗くなると自動的に光るルームライト」がつくれますし、温度センサーを使うと「室内が暑くなると教えてくれるぬいぐるみ」がつくれます。「このセンサーを使ったらどんな作品がつくれるかな」と考えてみると、いろんなアイデアが生まれるはずです。

Circuit Diagram　回路図

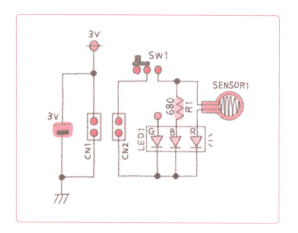

※ Real Wiring Diagram　実体配線図

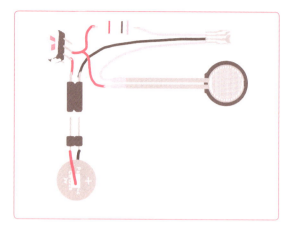

　フルカラーLED（下コラム参照）の色が圧力センサーで変化する回路です。圧力センサーは、圧力を与えると抵抗値が変化します。赤色LEDの抵抗として圧力センサーを使っているので、センサーに圧力を与えると赤い光が強くなったり弱くなったりします。一方、青色LEDは一定の強さで光るようにリード抵抗を使います。緑は使わないのでどこにも接続しません。一定の強さで光る青色LEDと、圧力によって変わる赤色LEDの光が混じり合い、青〜紫に光が変化します。

　フルカラーLEDを透明なボールに入れて、その他の部品はストローでできた持ち手に入れる構造です。つくりかたには、電線の長さなどで具体的な数値を書いていますが、状況によって自由に短くしたり長くしたりして対応してください。大きく分けて、電池部・LED部・センサー部の3部構成になっています。ゆらピカイヤリングと同じように、基板を使わない空中配線です。

Column

フルカラーLED（RGBLED）ってなに？

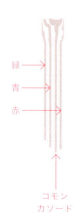

緑→
青→
赤→

コモン
カソード

　フルカラーLEDとは、赤・緑・青の3色のLEDが一つにまとまっているLEDです。それぞれの光の強さを調節することで、いろんな色を生み出せます。たとえば、赤と青を同時に光らせると紫、すべて同時に光らせると白になります。

　フルカラーLEDには、中にICが入っていて自動的に色が切り替わるものもありますが、今回使うのは色を自分で制御するものです。普通のLEDは足が2本しかありませんが、自分で色を制御するフルカラーLEDは4本の足があります。赤・緑・青それぞれの足が1本ずつと、すべてに共通の足が1本です。今回使う型番OSTA5131A-R/PG/Bは、左図のように短いものから順に緑・青・赤・共通のカソードとなっています。どの足がどの色か、そして共通の1本がカソードかアノードかは型番によって違います。違うフルカラーLEDを使いたい場合はデータシートを参照してください。同じものを使う場合は、回路図と実体配線図、それから写真をよく見てはんだづけしましょう。

✻ *How to Make* つくりかた

1
電池部をつくります。ゆらピカイヤリングの Step 5〜8（p.33）を参考にしてください。電池部はこれで完成です。

2
センサー部をつくります。実体配線図を参考に、センサー・スイッチ・抵抗・メスピンヘッダーを、約2cmの電線でつなぎます。ショートしないように、はんだづけ部分は細い熱収縮チューブ（φ1.5）でカバーします。電池部と接続してセンサー部は完成です。

3
LED部をつくります。LEDを入れるボールを装飾します。ボールの表面と内側を紙やすりで削り、中のLEDが見えないようにします。色を付けたい場合は、球体の表面を油性ペンで塗ったり、レジンを塗って硬化させたりします。作例ではレジンを塗っています。

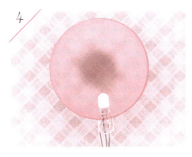

4
ボールにLEDの足を通す約1〜2mmの穴を四つ開けます。LEDには、緑以外の足に約20cmに切った電線をはんだづけしておきます。穴にLEDの足を通して、ボールとLEDをレジンで固定します。

5
ボールの装飾を紙ねんどでつくります。まずは紙ねんどを棒で平らにして、約5cmの円に切り出します。切り出したら写真のように、さらにお花のような形に切り出します。オリジナルの形にしても問題ありません。

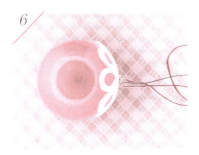

6
切り出した紙ねんどの中心にLEDの足が通るように約1×0.5cmの長方形の穴を開け、ボールから出ている電線を紙ねんどの穴に通しながら、紙ねんどを球体に覆いかぶせます。これでLED部は完成です。

7
次に、ストローを使ってステッキの持ち手の装飾をつくります。まずは、ストローに好きな色のマスキングテープを巻きます。

8
ストローの上部約2cmに、厚さ約1〜2mmの紙ねんどを巻きます。巻いた部分の上下に、さらに約5mmの幅をもった厚さ約1〜2mmの紙ねんどを巻きます。

9
ボールから伸びているLEDの電線を、ストローの紙ねんどで装飾した方から通します。LED部とストローがしっかりくっつくように、レジンやグルーガンで固定します。

10

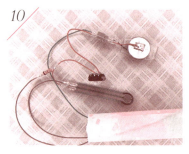

LED部・電池部・センサー部を合体させます。ストローを通って出てきたLED部の電線に、実体配線図を参考にして、電池部とセンサー部をはんだづけします。ショートしないように、はんだづけ部分は細い熱収縮チューブ（φ1.5）でカバーします。これで回路は完成です。スイッチをONにして、圧力センサーを押すとLEDの色が変化するのを確認してください。

11

残りの装飾をしあげていきます。ストローの下から1cm付近に、スイッチと同じくらいの大きさの穴を開けます。穴にスイッチをはめて、レジンやグルーガンなどで固定します。

12

ストローに圧力センサー以外の部品を入れます。電池部は電池が切れたときに交換しやすいように、なるべく手前に配置します。

13

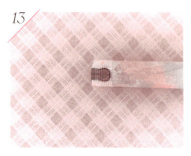

マスキングテープを使って、ストローに圧力センサーを巻きつけます。マスキングテープは、圧力センサーを覆い隠すくらい、しっかりと巻きつけてください。写真の例では透明なシールで巻きつけています。

14

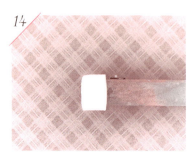

マスキングテープの上に、さらに厚さ1〜2mm程度の紙ねんどを巻きます。そのまま、全体の紙ねんどをしっかり乾燥させます。乾燥させたら、アクリル絵の具で着色したり、装飾したりして完成です。

Column

グルーガンってなに？

グルーガンとは、グルースティックという棒状の樹脂を溶かして、モノとモノをくっつける道具です。グルーは溶けてから硬化するまで時間が数10秒ほどと短く、さまざまな素材をくっつけることができるので、手芸や工作でよく使われます。安いものであれば、100円ショップやホームセンターにて500円前後で購入できます。グルースティックは樹脂なので、同じく樹脂であるレジンも同じ役割を果たせます。ご自分が使いやすいほうを使いましょう。

Recipe 3
Tiny & Sparkly

ピカピカ光る ちいさなアイテムのレシピ

ふたごのねこのめ ストラップ

動画はこちらをチェック♪

　くっつけるとねこの目が光る、二つで一つのふたごストラップです。磁力に反応してスイッチがONになるリードスイッチを使っています。片方のストラップには、リードスイッチ・電池・LEDが入っていて、もう片方には磁石が入っています。この二つをくっつけると、磁石に反応してリードスイッチがONになり、ねこの目（LED）が光ります。タテ2.7×ヨコ3.5cmの、ちいさなストラップです。

✻ *Material*　準備する材料

電子部品　ハンドメイド用品

LED1, 2 ×2	R1, 2 ×2	SW1 ×1	×1	×1	×1
チップLED HSML-A101-S00J1 @秋月電子通商 ¥5/1コ（¥200/40コ）	リード抵抗 （680Ω・LED用） GB-CFR-1/2W-681 @マルツ ¥1/1コ（¥100/100コ）	リードスイッチ SP3-1A16-3A @秋月電子通商 ¥60/1コ（¥300/5コ）	電池ボックス （CR1220用） GB-BHH-1220RU-MR @マルツ ¥50/1コ	コイン型電池 CR1220 @秋月電子通商 ¥50/1コ	ユニバーサル基板 （両面・モールドに入るサイズ） P-12731 @秋月電子通商 ¥15/1コ

好きな色 1cm×4本	×1	×1	×1	好きな色を 必要なだけ	
電線（配線用） UL3417 AWG32 L-2×7 @千石電商 ¥1/1cm（¥780/7色各2m）	ねこ型モールド 404218 @PADICO Online Shop ¥864/1コ	レジン 339-04-027 @ユザワヤ ¥1,078/1本	磁石 （直径8mm 丸型） @Amazon ¥100/1コ（¥1,000/10コ）	アクリル絵の具 @holbein公式webサイト ¥260/1本	

✻ *Circuit Diagram*　回路図

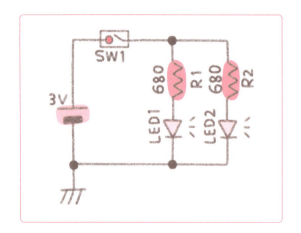

リードスイッチ・LED×2・抵抗×2・電池の構成です。二つのストラップのうち片方だけがこの回路を載せていて、もう片方は回路がなく、磁石だけが入っています。ねこの目にLEDをしこむので、LEDを二つ使います。

Arrange
アレンジレシピ

　ねこの目が光る色を変えたり、モチーフをねこ以外にしてパズルを組み合わせたら光るようにしたりするなど、いろんなアレンジが楽しめます。このサイズの作品であればレジンは1/5本程度しか使わないので、いろんな形を試してみると楽しいでしょう。

❊ *Real Wiring Diagram* 実体配線図

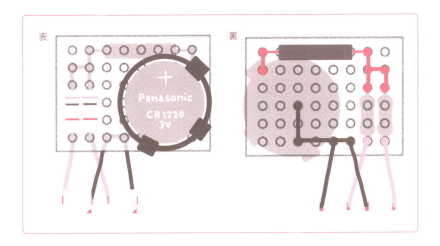

　ちいさな基板を使ってつくります。ねこの目になる二つのLEDだけは基板に載せず、電線で空中配線します。基板上での部品どうしの接続は、Lチカのときのようにはんだメッキ線で行います。

　リードスイッチは、磁石との距離がある程度近くないとスイッチONになってくれません。そのため、二匹のねこを重ねたときに、リードスイッチが反応しやすい位置に磁石を置きます。今回の作品では、ねこのおでこの付近に磁石とリードスイッチを設置しています。

❊ *How to Make* つくりかた

1

回路図と実体配線図を参考に、基板を組み立てます。ねこの目に配置するLEDは、好きな色の電線（約1.5cm）を使って、空中配線ではんだづけしておきます。

2

回路を入れるねこをつくります。ねこのレジン型に少量の透明なレジンを流しこみ、固めます。固まったら、黒の油性ペンでレジンにねこの目を描きます。

3

目の部分にLEDを置いたら、LEDと同じ高さのぎりぎりのラインまで、レジンをさらに少量流しこみ、固めます。固めるのはLEDだけで、まだ基板は固めないので、注意してください。

4

ねこのおでこの部分にリードスイッチが来るように基板を載せ、レジンを流しこみ、基板とレジンを一緒に固めます。電池ボックスがレジンに埋まらないように気をつけてください。

5

レジン型からねこを取りだします。電池ボックスに電池を入れ、ねこの顔側から磁石を近づけ、目が光るか確認します。

6

アクリル絵の具を準備します。これでねこの模様を描いていきます。好きな柄のねこを描いてください。目の部分は光るので、透明のままにします。

7

アクリル絵の具の柄が消えないように、ねこをコーティングしてしあげます。透明なレジンをねこの表面に、ヘラなどを使ってまんべんなく塗って硬化させます。これで回路の入ったねこは完成です。

8
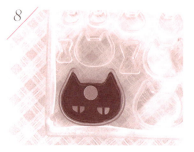
磁石を入れるねこをつくります。型にすこしだけ透明レジンを流しこみ、固めます。対になるねこの目と同じ位置に目を描き、作例のようにくろねこにする場合は、顔を黒の油性ペンで塗ります。
対になるねこのリードスイッチがある部分（おでこ）に磁石を載せ、レジンを流しこみ固めます。

9

レジン型からねこを取り出したら、表面側に透明レジンをすこし塗り固めて、キレイにしあげます。これで磁石のねこは完成です。

10

回路をしこんだねこを下、磁石のねこを上にしてねこどうしを重ね、目が光るのを確認します。ストラップなどにアレンジして完成です。

Column

レジンを固めよう

レジンにはいくつか種類があります。今回使ったものはLED・UVレジンで、LEDライトかUVライトを照射して固めます。筆者が使用したのは(株)清原のスーパーレジンUVクリスタルランプで、Amazonなどで¥6,000前後で購入できます。硬化時間は60秒ほどでした。ライトはちょっとお高いので、費用を抑えたい場合、時間はかかりますが屋外で日光に当てても硬化させることができます。

Lesson
4

Kawaii Denshi Kosaku

お部屋を彩る
インテリアのレシピ

Recipe 4
Sweet & Relax

お部屋を彩る インテリアのレシピ

癒やしのハーバリウム スタンドライト

動画はこちらをチェック♪

　手持ちのハーバリウムをスタンドライトとして使えるように、LEDで光る台座をつくりましょう。ハーバリウムの容器に合わせた大きさの基板にLEDを付けて、その上にハーバリウムを載せると、スタンドライトのように光り輝きます。暗い場所でもハーバリウムを楽しむことができるようになります。ベッドルームはもちろん、パーティーの装飾にもオススメです。

Material 準備する材料

Column

ねじのサイズ「M3」って？

　ねじのサイズは、ねじこむ部分の直径をmmで表します。今回使う「M3」のねじは、直径が3mmのねじです。M6であれば6mm、M10であれば10mmです。ねじの頭はねじこむ部分より大きいので、そこの大きさではないことに注意してください。一緒に使うナットやスペーサー（基板に高さをもたせたいときに使う部品のこと。今回は基板とダンボールの間に高さを出すために使います）も同じサイズを用意してください。

　今回使ったねじはM3サイズですが、絶対にこのサイズでなければダメ、というわけではありません。ハーバリウムの大きさに合わせて、ちょうどよいサイズを選んでください。長さも、ハーバリウムを載せてぐらつかない高さであれば、どれくらいでも構いません。あなたのイメージする台座に合うサイズのねじを選んで、自由に創作を楽しんでください。

Arrange

アレンジレシピ

　この本ではmicroUSBを電源にしていますが、ポータブルにしたい場合は電池を使ってつくることもできます。また、ハーバリウム以外にも、香水瓶などの透明な容器を光らせるアレンジもできます。

✻ Circuit Diagram　回路図

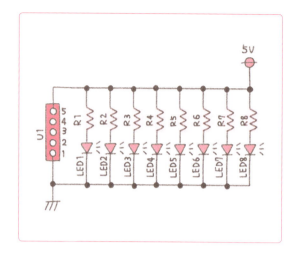

たくさんのLEDとLEDと同じ数の抵抗、そしてmicroUSB端子(U1)で構成された回路です。microUSB端子の記号に描かれている五つの丸と、その横にある1〜5の数字は、端子の足を示しています。この回路は、電池ではなくmicroUSBケーブル経由で電源を供給します。各LEDに最大約10mAの電流が流れるように、200Ωの抵抗を付けています。

今回は、8コのLEDと8コの抵抗を用意しました。LEDの数が多くなるほど、光が強くなります。8コのLEDでどれくらい明るくなるかは、動画で確認してみてください。

✻ Real Wiring Diagram　実体配線図

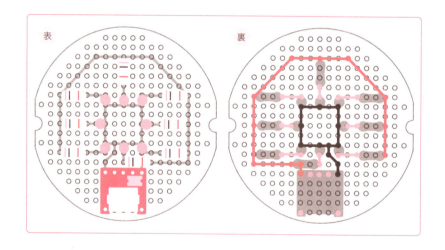

　ハーバリウムの容器に合った大きさの基板を用意し、基板の中心にLEDが配置されるようにはんだづけします。この本では底が丸いハーバリウムを使っているので丸い基板を用意しましたが、適宜ハーバリウムの形に合わせた基板を準備してください。ちょうどよい大きさの基板がなければ、基板カッターでセルフカットすることもできます。電子工作界では、オルファ(株)のPカッターが基板カッターとしてよく使われています。本来はアクリル板をカットするための工具ですが、基板の切り取りたいところに切りこみを入れる→何度かなぞる→裏側でも同じことをする、という手順を繰り返すと、パキッと割れるようになります。Pカッターは¥500前後で購入できます。

❋ *How to Make* つくりかた

1

回路図と実体配線図を参考に、はんだメッキ線を使って基板に部品をはんだづけします。LEDの数は基板に載るだけ、最大10コ程度をお好みで付けてください。この本では8コのLEDを載せています。回路はこれで完成です。

2
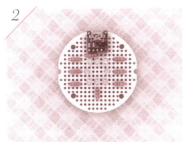
基板を入れる箱をつくります。まずは、基板に足を付ける準備をします。ハンドドリルを使って基板の周辺にねじが通るサイズの穴を四つ開けます。

3
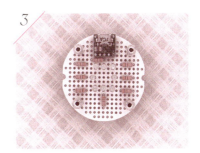
スペーサー付きのねじで、基板に足を付けていきます。基板が自立するように、スペーサー側を下にして、ねじを四つ付けます。下から、ねじ・基板・スペーサー・ナットという順に重ねて、しっかり固定しましょう。

4

ねじとハーバリウムが直接当たってしまわないように、ダンボールでクッションをつくります。基板の大きさに合わせてダンボールを切り、基板に載せたときLEDが隠れてしまわないように、LEDに沿って穴を開けます。

5

クリアホルダーを長方形にカットします。タテは基板が自立したときの高さ+1cm、ヨコは基板の周辺の長さ+1cmにカットしてください。

6

基板にクリアホルダーを巻きつけ、マスキングテープで仮止めし、外側を紙ねんどで覆います。形や模様は好みでアレンジしてください。紙ねんどがしっかり乾くまで待ちます（約3日）。

7

紙ねんどが乾いたら、クリアホルダーからゆっくり引きはがし、アクリル絵の具で好きな色を塗ります。模様を描くなど、好みに応じて装飾してください。

8
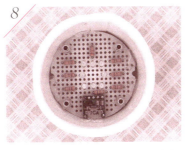
紙ねんどの空洞に基板を当てはめます。microUSB端子があるところは、ケーブルを差せるように四角く切り取ります。基板と紙ねんどを接着するために、端の方をレジンやグルーガンで固定します。

9

Step 4で切りだした、クッション材のダンボールを基板に載せます。最後にハーバリウムを載せて完成です。microUSBケーブルをつないで、ハーバリウムが光るのを確認してください。

Recipe 5

Sweet & Relax

お部屋を彩る インテリアのレシピ

クリスマスソング・ポンポンリース

動画はこちらをチェック♪

　ヒモを引っぱると、クリスマスソングが流れるポンポンリースです。リースの裏側にある基板には、MP3プレイヤーモジュールとスイッチとスピーカーが付いています。ヒモを引っぱるとスイッチがONになってMP3プレイヤーが動きだし、音楽が流れます。音楽のデータはMP3プレイヤーに差しこんだmicroSDカードの中にあって、好きな曲を容量の範囲内で入れて流すことができます。

❋ Material 準備する材料

電子部品 / ハンドメイド用品

U1 ×1	**SW1** ×1	**SP1** ×1	**C1** ×1	**C2** ×1	**SW2** ×1	

MP3プレイヤーモジュール	プッシュスイッチ（MP3プレイヤー用）	スピーカー（8Ω）	コンデンサー（220u）	コンデンサー（0.1u）	スライドスイッチ（電源用）	
DFR0299	SS-5GL13	WYGD50D-8-03	16PX220MEFC6.3X11	RPEF11H104Z2P1A01B	IS-2235-G	
@秋月電子通商	@マルツ	@秋月電子通商	@秋月電子通商	@秋月電子通商	@秋月電子通商	
¥1,050/1コ	¥180/1コ	¥130/1コ	¥20/1コ	¥10/1コ（¥100/10コ）	¥25/1コ（¥100/4コ）	

×1	×3	×1	好きな色 5cm×6本	×1	好きな色を必要なだけ

電池ボックス（単四電池3本）	単四電池	ユニバーサル基板（両面・リースに隠れるサイズ）	電線（配線用）	microSDカード（MP3書きこみ用）	毛糸
BH-431-1A150	GLR03A 1.5V LR03 AM4	AE-38.9mm-TH	UL3417 AWG32 L-2×7		
@秋月電子通商	@秋月電子通商	@秋月電子通商	@千石電商	@自宅であまっていたもの	@ユザワヤ
¥60/1コ	¥20/1本（¥80/4本）	¥150/1コ	¥1/1cm（¥780/7色各2m）		¥330/1玉

×1	×1	×1	×1

ダンボール	アクセサリーチェーン	タコ糸	グルーガン
			B-30
@自宅であまっていたもの	@100円ショップ ¥100/1コ	@100円ショップ ¥100/1コ	@Amazon ¥1,353/1コ

Arrange アレンジレシピ

　ポンポンリース以外にも、お正月飾りや風鈴など、季節の飾りものを使ったアレンジができます。

　入れる音楽も自由に変えられるので、お部屋の雰囲気や季節に合った音楽を入れて楽しんでください。音楽はWebなどで配布されているフリーのMP3データを使うのもいいですし、お部屋で個人的に楽しむだけなら好きなアーティストの曲を入れてみるのもよいでしょう。ただし、スピーカーは手軽に使える安いものを使っているので、音質が気になる場合は単純な曲がオススメです。

　microSDカードは手持ちの余っているものを使えば、わざわざ購入する必要はありません。今回は32GBを使いましたが、数曲入れるだけなら2GBで十分です。

✳ *Circuit Diagram*　回路図

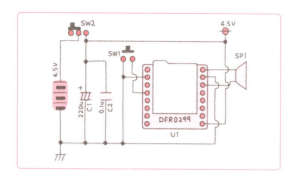

　MP3プレイヤーモジュール・スピーカー・スイッチ2コ・電池の構成になっています。このMP3プレイヤーは3.2V以上で動くため、単四電池（1.5V/1本）を三つ使って、4.5Vにしています。二つのコンデンサーは、雑音を除去する役割をもっています。スライドスイッチでMP3プレイヤーの電源をONにして、プッシュスイッチにつながっているヒモを引っぱると、音楽が流れます。複数曲を入れている場合は、スイッチが反応するたびに音楽が切り替わります。

✳ *Real Wiring Diagram*　実体配線図

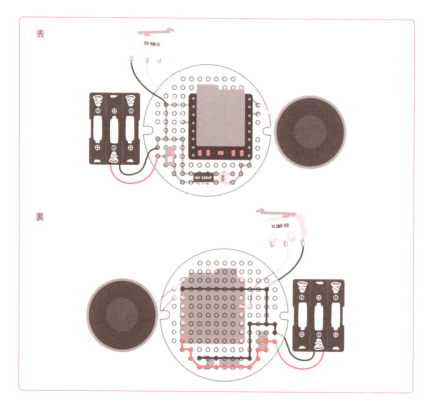

　基板にははんだメッキ線を使って、MP3プレイヤーモジュール・コンデンサー×2・スライドスイッチをはんだづけします。電池とプッシュスイッチとスピーカーは、電線を使って基板にはんだづけします。ほかの部品に比べて大きめなこれら三つの部品を、リースの裏にうまく隠すように配置するためです。電池は重みがあるので、リースの下側に付けます。プッシュスイッチは、ポンポンリースを壁にかけたときにヒモを付けて引っぱれる位置に付けます。この本では、電池の隣に付けています。スピーカーは音が出る面がふさがれないように付けてください。

❋ How to Make つくりかた

1

回路図と実体配線図を参考に、基板に部品をはんだづけします。電池とスピーカーとプッシュスイッチは、それぞれ約5cmの電線でつなぎます。

2

microSDカードにPCで好きな曲を書きこみます。microSDの中に01というフォルダをつくって、音楽データ（MP3形式）を入れます。音楽データの名前は、必ず001.mp3、002.mp3、……と連番にします。

3

microSDカードをMP3プレイヤーモジュールに差しこみます。スライドスイッチをONにしてからプッシュスイッチを押して、音楽が流れることを確認します。

4

プッシュスイッチの押す部分にヒモを付けます。この本では、100円ショップで購入したネックレスチェーンをヒモとして使っています。

5

ポンポンリースの土台をつくります。ダンボールを写真のような形に切りだします。寸法は下の図を参照してください。

6

厚紙などに毛糸を50〜100回くらい巻きつけて中心をタコ糸で縛り、毛糸の輪っか部分を切ってポンポンをつくります。つくったポンポンはダンボールの土台に、土台が隠れるくらい取りつけます。今回はモコモコにしたかったので、4色の毛糸各1玉ずつをすべて使いきりました。

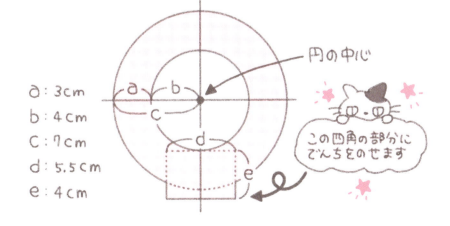

ボンボンをつくるときに中心を縛ったタコ糸は根元まで切らずに残しておいてください。ダンボールの土台に、そのタコ糸が通る大きさの穴を開け、そこにタコ糸を通して結びつけるとカンタンです。

土台の裏面に、グルーガンを使って、基板・スピーカー・プッシュスイッチをしっかりとくっつけます。スイッチはヒモを下に引っぱったときに反応する位置に付けます。土台の四角い出っぱりに電池を取りつけたら完成です。

Column

MP3プレイヤーモジュールのおもな仕様

★サポートされているサンプリングレート [kHz]
8 / 11.025 / 12 / 16 / 22.05 / 24 / 32 / 44.1 / 48

★ファイルシステム
FAT 16 / FAT 32

★最大サポートサイズ
32GB

★フォルダ名とファイル名の制約
- フォルダ名は01〜99
- ファイル名は001.mp3〜255.mp3

　フォルダ名とファイル名の制約には気をつけて、あとはよくある仕様なのであまり気にせずデータを格納してください。最初のフォルダ名やファイル名が01でなかったり、連番でなかったりしても、数字は問題なく昇順で認識されます。もし配線に問題がないのに音楽が再生されない場合は、サンプリングレートやファイルシステムを確認してみてください。

Column

MP3ってなんだろう？

　MP3とは、音のデータを圧縮して保存する形式の一つです。データ圧縮の規格はほかにもいろいろありますが、MP3はそのなかでも一般的な規格です。細かい話をすると難しくなるので、ここでは単に「広く使われているので、いろんな機械で再生できて便利」と思っていただければ大丈夫です。

　MP3ファイルには、ファイル名のあとに「.mp3」という拡張子がつきます。拡張子とはファイルの種類を表すもので、テキストファイルだと「.txt」、画像ファイルだと「.png」「.jpg」などです。

Lesson
5

Kawaii Denshi Kosaku

大切な人に贈る
プレゼントのレシピ

Recipe 6
Love & Gift

大切な人に贈る プレゼントのレシピ

おしゃべりメッセージボックス

動画はこちらをチェック♪

　録音した言葉を再生してくれる、メッセージボックスです。つくる基板は再生基板と録音基板の2種類ですが、ボックスに入れるのは再生基板だけです。録音基板は、また違う再生基板をつくるときに再利用できます。どちらの基板も、音声録音／再生ICという、ボタン操作で録音と再生ができるICを使っています。録音基板上でICにメッセージを録音し、再生基板に載せ替えて、大切な人にメッセージを伝える作品をつくります。

❖ Material 準備する材料

MIC1 ×1 マイク（録音用） C9767BB422LF-P @秋月電子通商 ¥25/1コ（¥100/4コ）	**R1, 2** ×2 リード抵抗 （4.7kΩ・マイク用） GB-CFR-1/2W-472 @マルツ ¥40/1コ	**R3** ×1 リード抵抗 （1kΩ・マイク用） GB-CFR-1/2W-102 @マルツ ¥1/1コ（¥100/100コ）	**C1, 2** ×2 コンデンサー （0.1u・マイク用） RPEF11H104Z2P1A01B @秋月電子通商 ¥80/1コ	**C4** ×1 コンデンサー （220u・マイク用） 16PX220MEFC6.3X11 @秋月電子通商 ¥20/1コ	**LED1** 好きな色 ×1コ  パステルカラーLED （録音表示用） OSCD4L5111A @秋月電子通商 ¥30/1コ（¥150/5コ）	
R4 ×1 リード抵抗 （1kΩ・録音LED用） GB-CFR-1/2W-102 @マルツ ¥1/1コ（¥100/100コ）	**C3** ×1 コンデンサー （4.7u・出力調整用） 50PK4R7MEFC5X11 @秋月電子通商 ¥10/1コ	**C5, 6** ×2  コンデンサー （1u・アンプ用） RDER71H105K2K1H03B @秋月電子通商 ¥20/1コ（¥100/10コ）	**R5** ×1 リード抵抗（100kΩ・ 録音音質選択用） GB-CFR-1/2W-101 @マルツ ¥25/1コ	**SW1, 2** ×2 プッシュスイッチ （録音用／再生用） TVBP06-B043CY-B @秋月電子通商 ¥20/1コ	**C7** ×1 コンデンサー （470u・電源用） 16WXA470MEFC8X9 @秋月電子通商 ¥10/1コ	
×1 ブレッドボード EIC-801 @秋月電子通商 ¥270/1コ	**IC1** ×2 使い回すなら1コ 音声録音／再生IC ISD1820PY @aitendo ¥150/1コ	**VR1** ×2 使い回すなら1コ 可変抵抗（10kΩ・ 音声ボリューム用） TSR-065-103-R @秋月電子通商 ¥20/1コ	**IC2** ×2 使い回すなら1コ アンプIC HT82V739 @秋月電子通商 ¥50/1コ	**SP1** ×2 使い回すなら1コ スピーカー（8Ω） MSI28-12R @秋月電子通商 ¥190/1コ	×2 使い回すなら1コ 電池ボックス （単四電池2本） BH-421-1A @秋月電子通商 ¥50/1コ	
×4 使い回すなら2本 単四電池 GLR03A @秋月電子通商 ¥20/1本（¥80/4本）	好きな色 5cm ×7〜11本 電線（ブレッドボード ＆配線用） UL3417 AWG32 L-2×7 @秋月電子通商 ¥1/1本（¥780/7色各2m）	**C8** ×1 コンデンサー （4.7u・出力調整用） 50PK4R7MEFC5X11 @秋月電子通商 ¥10/1コ	**C9, 10** ×2 コンデンサー （1u・アンプ用） RDER71H105K2K1H03B @秋月電子通商 ¥10/1コ	**SW3** ×1 プッシュスイッチ （電源用） KCD11-A-101011BB @マルツ ¥58/1コ	**SW4** ×1 プッシュスイッチ （再生用） P-03649 @秋月電子通商 ¥10/1コ	
×1 ICソケット 2227-14-03 @秋月電子通商 ¥10/1コ（¥100/10コ）	×1 ユニバーサル基板 （両面基板） AE-38.9mm-TH @秋月電子通商 ¥150/1コ	×1 透明な箱 @東急ハンズ	×1 マスキングテープ @東急ハンズ ¥100/1コ	×1 グルーガン B-30 @Amazon ¥1,353/1コ	 ● 録音基板用の部品 　マイク（MIC1） 　＞ 　ブレッドボード ● 録音基板・再生基板 　共通の部品 　音声録音／再生IC（IC1） 　＞ 　電線 ● 再生基板用の部品 　コンデンサー（C8） 　＞ 　ユニバーサル基板	

Circuit Diagram　回路図

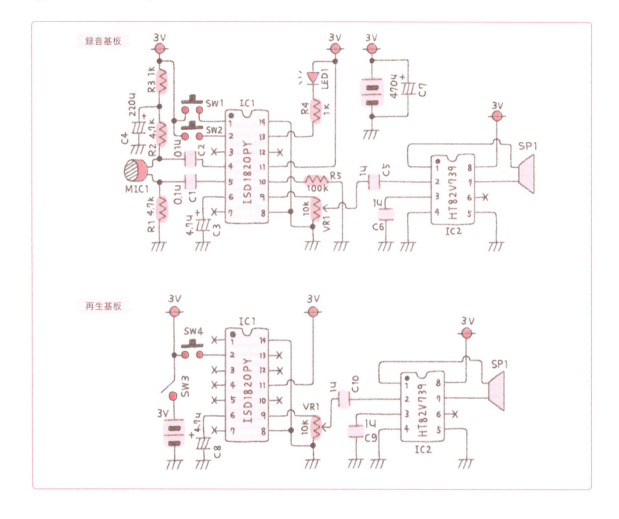

　上半分が録音基板の回路図、下半分が再生基板の回路図です。同じ番号のものは同じ部品なので、録音基板で音声を録音したあとにブレッドボードから部品を外し、再生基板用に使い回せます。

● 録音基板
　録音基板には、ICの録音機能を使う録音回路と、録音した音を確認する再生回路があります。録音用スイッチ（SW1）を押し続けている間、最大10秒間録音できます。もう一度録音ボタンを押すとデータが上書きされます。配線が多いので、ブレッドボードを使うとラクチンです。この基板は作品には組みこみません。

● 再生基板
　再生基板には、ICの再生機能だけを使う回路を載せます。電源用スイッチ（SW3）をONにしてから再生用スイッチ（SW4）を押すと、録音基板で録音した音が再生されます。作品に入れるのは、こちらの基板です。

❋ Real Wiring Diagram　実体配線図

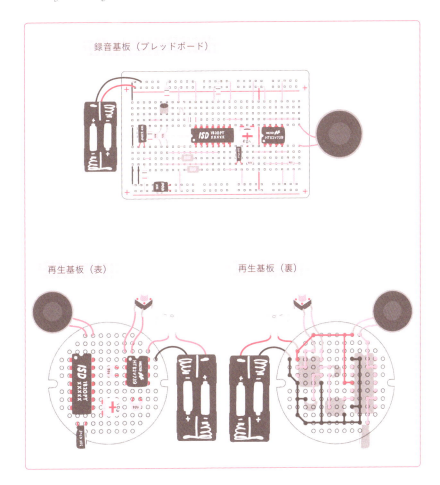

- 録音基板

　録音基板は配線が多いので、はんだづけ不要のブレッドボードをオススメします。はんだづけする場合は、ブレッドボード基板（AZ0526：￥90円/1枚）を使うと上の実体配線図の部品配置と配線をそのまま移植できます。

　回路を見てみましょう。大きいICが音声録音／再生ICで、小さいICが音を大きくするアンプICです。ブレッドボードの中央からやや左下にある二つのボタンは、上が録音用、下が再生用です。録音ボタンを押すとLEDが点灯して、録音中であることをお知らせしてくれます。再生中はLEDが点滅します。

- 再生基板

　再生基板は、作品に組みこむ基板です。録音基板の再生部分だけを取り出した回路になっています。再生基板の再生用スイッチ（SW4）と電源用スイッチ（SW3）は、作品表面から触れるようにする必要があります。そのため、基板上には配置せずに、すこし長めの電線で接続しておきます。

❋ How to Make つくりかた

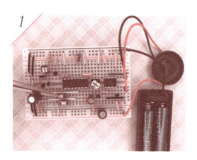

1
ブレッドボードを使って録音基板をつくります。実体配線図と回路図を参考にして、ブレッドボードに配線します。

2
ICに音声を録音します。録音用スイッチ（ICに近いスイッチ）を押して、マイクに向かって話してください。録音時間は約10秒で、録音中はLEDが点灯します。

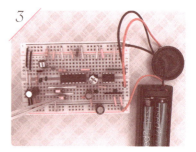

3
録音したら、再生用スイッチ（録音用スイッチの隣）を押して録音データを確認します。再生中はLEDが点滅します。録音し直したい場合は、Step 2に戻ります。

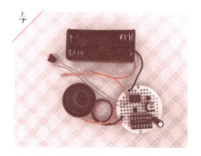

4
箱に入れる再生基板をつくります。実体配線図と回路図を参考にはんだづけします。電源用スイッチは約5cmの電線ではんだづけし、再生用スイッチは電線だけをはんだづけして準備しておきます。録音IC部分には、ICが取り外ししやすいように、ICソケットをはんだづけします。

5
箱の加工をします。まず、箱に二つ穴を開けます。一つは電源スイッチを入れるタテ3×ヨコ5mmの長方形の穴、もう一つは再生ボタンの頭が飛び出るくらいの直径約5mmの丸い穴です。長方形の穴に電源スイッチを入れて、グルーガンで固定します。

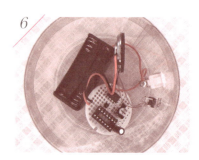

6
基板から伸びる電源スイッチ用の電線を、電源スイッチにはんだづけします。箱にはんだごてが当たらないように注意してください。箱に丸く開けた穴から再生ボタンの頭が飛び出るように配置し、グルーガンで固定します。

7
録音基板で音声データを録音したICを、再生基板のICソケットに載せ替えます。電池を入れて電源スイッチをONにし、再生ボタンを押すと録音されたメッセージが再生されることを確認してください。箱をマスキングテープやリボンなどお好みにデコレーションして完成です。

Arrange
アレンジレシピ

再生基板は箱に入れるだけでなく、お人形に持たせたり、キーホルダーに加工するなどして、さまざまな外観にアレンジできます。録音基板は一つあれば何度も使えるので、用途ごとに再生基板をつくって楽しんでみてください。

Recipe 7
Love & Gift

大切な人に贈る プレゼントのレシピ

歌うバースデイ・カード

動画はこちらを
チェック♪

　光って音が鳴るバースデイ・カードです。左の基板は数字を表示して、誕生日（0123、つまり1月23日）を表しています。まんなかの基板でLEDを光らせると同時に、スピーカーから「Happy Birthday to You」の曲を流します。右の基板は、電池・スイッチ・メロディーICを載せています。部品の載っていない余白部分を刺繍糸で飾り、アクリルの天板でイラストを添えました。

❖ Material 準備する材料

電子部品 / ハンドメイド用品

7segLED1〜4 ×4	**R3〜R20** ×18	**LED1, 2** ×2	**R1, 2** ×2	**IC1** ×1	**C1** ×1	

7セグメントLED
GL9D03M
@秋月電子通商
¥60/1コ

チップ抵抗（680Ω・7セグメントLED用）
RK73B2BTTD681J
@千石電商
¥5/1コ（¥53/10コ）

赤色LED
OSR5PA3E34B
@秋月電子通商
¥11/1コ（¥110/10コ）

リード抵抗（680Ω・フルカラーLED用）
GB-CFR-1/2W-681
@マルツ
¥1/1コ（¥100/100コ）

メロディーIC（Happy Birthday to You）
BJ1562
@aitendo
¥25/1コ（¥100/4コ）

コンデンサー（10u・雑音除去用）
16MH710MEFC4X7
@秋月電子通商
¥10/1コ

C2 ×1	**SP1** ×1	**SW1** ×1	×1	×1	×3

コンデンサー（0.1u・雑音除去用）
RPEF11H104Z2P1A01B
@秋月電子通商
¥10/1コ（¥100/10コ）

スピーカー（8Ω）
SP23MM
@マルツ
¥130/1コ

スライドスイッチ
IS-2235-G
@秋月電子通商
¥25/1コ（¥100/4コ）

電池ボックス（CR2032用）
CH25-2032LF
@秋月電子通商
¥50/1コ

コイン型電池
CR2032
@秋月電子通商
¥40/1コ（¥200/5コ）

ユニバーサル基板（片面基板）
AE-50.8mm
@秋月電子通商
¥80/1コ

好きな色 2cm×40本	好きな色 3cm×5本	12mm×6コ 15mm×2コ	3mm×6コ 15mm×2コ	×6	×1

電線（7セグメントLED配線用）
UL3417 AWG32 L-2×7
@千石電商
¥1/1本（¥780/7色各2m）

電線（基板間配線用）
UL3417 AWG32 L-2×7
@千石電商
¥1/1本（¥780/7色各2m）

ねじ（M3サイズ）
@ネジNo1
¥8/1コ

スペーサー（M3サイズ）
@ネジNo1
¥8/1コ

ナット（M3サイズ）
@ネジNo1
¥9/1コ

アクリル板（天板用）
2401014834960
@東急ハンズ
¥1,428

×1
ファイバーボード（MDF・土台用）
@100円ショップ
¥100/1コ

好きな色を必要なだけ
刺繍糸
@ユザワヤ
¥330/1巻

※動画や写真でまんなかの基板に使われているLED（LED1, 2）は、OST1MA58K2Bというフルカラー LEDです。部品カードのOSR5PA3E34Bとは見ためも仕様が異なるので注意してください。詳しくはp.64のコラムを参照してください。

Arrange

アレンジレシピ

　今回は丸い基板を三つ使いましたが、四角い大きめの基板1枚にまとめることもできます。LEDの数を増やしてもっと派手にしたり、刺繍での飾りつけをメインにしたりと、いろんなアレンジが楽しめます。

❋ Circuit Diagram　回路図

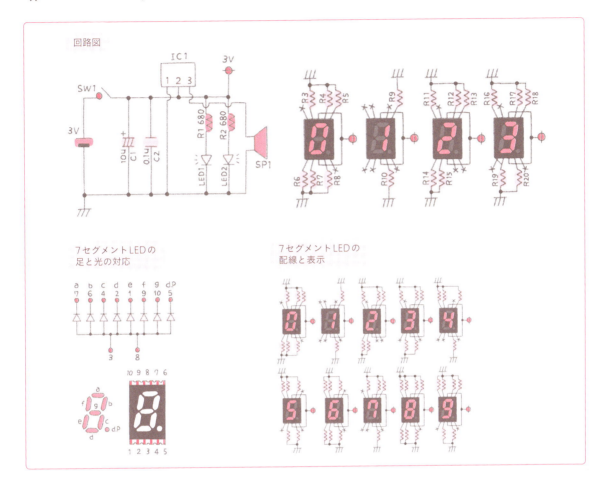

　メイン機能は、7セグメントLEDで誕生日を表示することと、メロディーICで「Happy Birthday to You」の音楽を鳴らすことです。7セグメントLEDは、8コのLEDによってデジタル文字やドット絵を表現します。この本では「0123」という数字が光る回路になっていますが、配線するセグメントを変えると、違う数字を表示できます。メロディーICは、電源を入れるだけでICに記録された音楽信号が出力されるICです。出力端子にスピーカーをつなげるだけで、音が聞こえるようになります。

Column
7セグメントLEDの配線のしかた

　7セグメントLEDは、7本の線で数字を表現します。配線する位置によって7本のうちどれが光るかが変わり、0〜9の数字を表示できます。上の回路図に0〜9それぞれの数字を表示する配線例を示しているので、参考にしてください。この本では「0123」と光らせています。

❊ Real Wiring Diagram　実体配線図

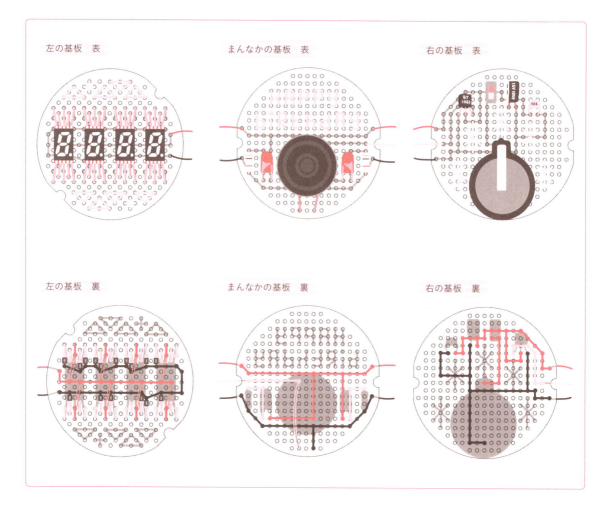

　回路を上から見たときにバランスのよい部品配置にして、効率のよい配線よりも見た目がかわいくなるような配線にしています。刺繍糸で飾りつけるとき、はんだづけで穴がふさがらないように、あらかじめ飾りつけで使う穴を確認しておきましょう。

　三つの基板間で、電源を共有するように配線しています。左側の7セグメントLEDの基板は、表示したい数字に合わせて配線を変えてください。

❃ How to Make つくりかた

1

7セグメントLED基板（左側）をつくります。約3cmの電線を40本準備し、電線の先端1.5mm程度の被覆を剥いて予備はんだします。電線が見えるように配線していくので、好きな色の電線を使うのがオススメです。

2

ピンセットなどを使って、7セグメントLEDの端子に電線をはんだづけします。見た目のバランスがよくなるように、最終的に使うことのない端子にも電線を付けます。

3

7セグメントLEDにはんだづけした電線を、基板の穴から裏側にすべて通します。写真のようにジグザグにすると、バランスよく四つすべての7セグメントLEDを並べて配線できます。

4

基板の裏でランド1コぶんの長さを残して電線をカットし、はんだづけします。さらに、光らせる端子にはチップ抵抗をはんだづけします。四つすべての7セグメントLEDで同様の作業を行います。

5

はんだメッキ線を使って、アノード（チップ抵抗を載せた端子）は電源ラインにつなげます。カソードはGNDラインにつなげます。これで7セグメントLED基板は完成です。

6

次は、スピーカー基板（まんなか）をつくります。スピーカーに電線をはんだづけします。スピーカーの中には磁石が入っているので、はんだごてにくっつかないように注意します。

7

スピーカーを基板の下半分くらいに配置し、電線を表から裏に通します。通した電線は、実体配線図を参考にはんだづけします。フルカラーLEDと抵抗もはんだづけして、スピーカー基板は完成です。

8

最後に、メロディーIC＆電池基板（右側）をつくります。写真のように、基板を上から見たときに部品の顔が見えるように、足を折り曲げてはんだづけします。実体配線図や回路図をもとに、すべての部品をはんだづけして完成です。

9

基板に刺繍糸で飾りつけをしていきます。刺繍糸を針に通して、基板に好きな柄を飾りつけします。基板の穴を通る細さの針を使ってください。

  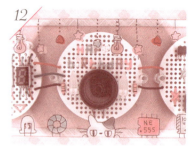

10 刺繍糸は裏で結んで、余った糸は切ります。結び目にレジンを塗って硬化させることで、ほどけないようにします。すべての基板の余白部分にお好みで刺繍で飾りつけてください。

11 基板どうしを接続します。約2cmの電線を使って基板どうしを接続したら、全体の回路が完成です。電源スイッチをONにして、音が鳴り、LEDが光ることを確認してください。

12 最後に、基板の上に載せるアクリル板をつくります。形は自由にお好みで作成してください。板をレーザーカッターで加工する必要があるので、板加工ができるWebサイトを下に紹介します。上に載せるアクリル板にマニキュアやアクリル絵の具を使用して模様を描くと、かわいいバースデイ・カードにしあがります。

- アクリル加工が注文できるWebショップ
  はざいや：https://www.hazaiya.co.jp
  アクリ屋ドットコム：http://www.acry-ya.com/

Column

自分で回路図を描けるようになろう

　動画や写真では、まんなかの基板のLEDはICで自動的に色が変わるフルカラーLED（OST1MA58K2B）を使っています。そのため、材料として紹介している普通のLEDとは形と色が違います。フルカラーLEDを使うほうが見た目は華やかになるのですが、電源が3Vでは足りません。今回はわかりやすさ・つくりやすさを優先して、1色のLEDでの回路図・実体配線図を載せています。写真とは見ためが違いますが、回路図と実体配線図どおりにつくればきちんと光るので安心してください。

　動画のようにフルカラーLEDを使うなど、レシピどおりでなく自分なりにアレンジしてみたくなった方は、ぜひ自分で回路図を描いてみましょう。回路図を描けるようになるための電気回路の入門書はたくさんあるので、自分が学びやすいと思うものを選んでください。

Conclusion

Kawaii Denshi Kosaku

電子工作界の
もっと深いところへ！

1 より自由な作品づくりのために
Conclusion

　この本では「スイッチがONになる」「作品が振動する」などのアクションに対して、「LEDが光る」「音が鳴る」といった反応を返す作品をつくってきました。これだけでも面白いのですが、**マイコン**を使用すると、複雑な機能をもったモノづくりを手軽に行うことができて、作品の幅が広がります。

　マイコンとはマイクロコントローラーの略で、データ処理やデータ通信など、周辺機器の制御を行うための機能を詰め込んだICのことです。マイコンは、この本でつくった作品と同じように、電池やUSB給電などの電源を必要とします。そのうえで、してほしい動作をプログラムとして書きこむと、プログラムどおりに作品を動かすことができます。

　マイコンにはプログラミングの知識も必要となるため、この本では使用を避けました。この本を通じて電子工作そのものに興味が沸き、マイコンを使用した電子工作に挑戦してみたくなった方向けのおまけとして、マイコンを使った作例を六つ紹介します。

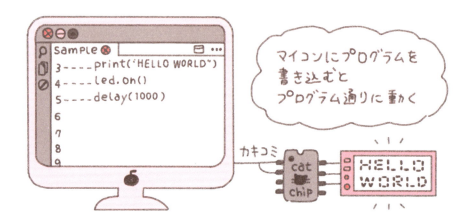

● デジタル時計

　この本でつくった「歌うバースデイ・カード」で表示する数字は配線の時点で決めるので、自由に変更することはできませんでした。しかしマイコンを使うと自由に変えることができるので、自作のデジタル時計もかんたんにつくれます。

● 絵が動く名刺

　マイコンを使うとディスプレイに表示される画像を自由に操作できます。小さめのディスプレイを使うと絵が動く名札をつくれます。イベントでブースのウェルカムボードにしたり、首から下げる名札にしたりと活躍するはずです。

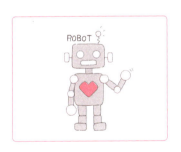

● 自作ロボット

　マイコンとモーターなどを組み合わせることで、ロボットをつくることができます。間接部分にあるモーターをマイコンで順序よく操作すると、ロボットの足や腕を自由に動かすことができます。

● ねこの見守りマシン

　マイコンには、無線通信機能が付いたものもあります。これにセンサーを組み合わせることで「ねこがトイレに行った時間を記録してサーバーに送る」など、ねこを見守る機器をつくることができます。

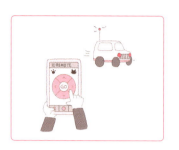

● スマートフォンで操作するラジコン

　無線通信機能が付いたマイコンを使うと、スマートフォンと通信できます。この機能を使うと、スマートフォンにリモコンのようなアプリを構築して、そこから送信した命令どおりに動くラジコンをつくることができます。

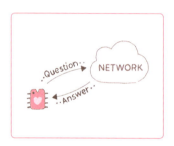

● AIで音声認識

　無線通信機能が付いたマイコンを使うと、ネットワークと情報をやりとりすることもできます。「録音した音声をサーバーに送信する→サーバーで音声認識処理をする→サーバーからデータを返してもらう」という手順で、音声認識するシステムをつくれます。ラジコンやロボットと組み合わせると、「声で命令したとおりに動くラジコン」や「シナリオどおりに会話するロボット」などもつくれます。

※ マイコンでもっと自由に創作を楽しもう

　ここで紹介した作例のなかには、マイコンを使用しなくてもつくることが可能なものもありますが、マイコンを使ったほうがよりかんたんでコンパクトにつくることができます。

　マイコンを使用した開発は、この本で紹介した作品よりも開発ステップと工数が多くなります。しかし、そのぶん複雑な動きをする作品をつくることができます。この本を通じて電子工作自体に興味を持った方は、ぜひ専門書やWebの情報を参照して、マイコンを使った電子工作に挑戦してみてください。

Appendix

Kawaii Denshi Kosaku

電子工作の基礎知識

1

電子回路で使う計算のはなし

Appendix

　ここでは、電子工作を行う際に知っておくと便利なことを紹介していきます。まず、知っておくと便利な電気回路の計算式を二つ紹介します。

※ オームの法則

　オームの法則は、電気回路に流れる電流とその両端の電位差の関係を示す法則です。この関係は以下の式で示すことができます。

$$V（電圧） ＝ I（電流） × R（抵抗）$$

　両端の電圧差Vは、回路に流れる電流Iと抵抗Rの値に比例します。この本のなかでも、LEDに流す電流を制御するために、オームの法則で抵抗値を求めています。

※ 電池が持つ時間を求める

　回路で消費する電流が求められると、電池がどのくらいで切れるのかを推測できます。たとえば、この本で登場したコイン型電池CR1220は「公称電圧3V」「容量220mAh」です。「mAh」は「ミリアンペアアワー」と読み、1時間のあいだ、220mAを流す能力があることを示します。つまりCR1220は220mAを1時間流し続けると電池が切れます。

　これを踏まえ、CR1220を一つ使い、LEDに2mAを流す回路を例として、どのくらい電池が持つかを考えます。このとき、電源をONにしてLEDの点灯を開始し、電池が切れるまでの時間（連続点灯時間）は以下の式で求めることができます。

$$220mAh（電池容量） ÷ 2mA（回路に流れる電流） ＝ 110h（連続点灯時間）$$

　実際には、電池が消耗されると電池端電圧が低下していく傾向があったり、電池の内部抵抗があったりするので、正確な時間ではありません。しかし、だいたいの連続点灯時間は求めることができます。

2 回路図記号のはなし

Appendix

　回路図を書くときに使用される記号を、回路図記号といいます。回路図記号が回路を書く人によって異なることを避けるために、標準化された回路図記号があります。

　以下に、この本で出てきた回路図記号に加え、よく見かける回路図記号を紹介します。JISではより厳密に定義づけられているので、気になる人は調べてみてください。この本で使ったものは回路図上の略語や実体配線図でのイラストも載せます。

名　称	回路図表記	回路図記号	実体配線図
抵抗	R		
LED	LED		
コンデンサー	C		
コネクター	CN		
スイッチ	SW		
電池・電源	V		
グラウンド	GND		

71

3 抵抗のはなし

Appendix

❋ 合成抵抗の計算

1 直列接続

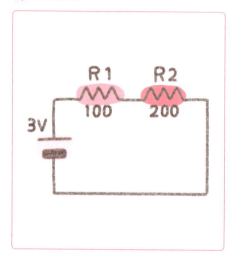

2 並列接続

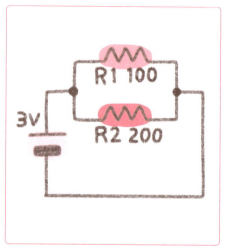

　この本でつくった作品の場合、電流を制御するための抵抗は、一つのLEDに対して一つでした。ここで、以下のような抵抗を二つ使った回路を2種類考えてみます。1は**直列接続**、2は**並列接続**といいます。

　直列接続のときの合成抵抗（二つ以上で一つの役割を果たす抵抗）は、足し算で求めることができます。抵抗がいくつあっても、直列につながっていれば、合成抵抗値の計算は単純な足し算となります。

$$R1 + R2 = R0$$
$$R1\ (100Ω) + R2\ (200Ω) = R0\ (300Ω)$$

よって、1の回路に流れる電流は以下になります。

$$3V ÷ 300Ω = 10mA$$

　並列接続のときの合成抵抗は、抵抗値の逆数の足し算で求めることができます。抵

抗がいくつあっても、並列につながっていれば、合成抵抗値の計算は逆数の足し算となります。

$$(1 \div R1) + (1 \div R2) = (1 \div R0)$$
$$(1 \div 100) + (1 \div 200) = 約67Ω$$

よって、2の回路に流れる電流は以下になります。

$$3V \div 67Ω = 約45mA$$

直列接続と並列接続では合成抵抗の求めかたが変わるので、以下のような回路では、ボタンを押したときにLEDの光りの強さが変わります。

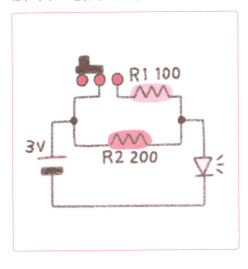

スイッチがOFFのときは、R2がLEDに直列接続されているので、回路に流れる電流は10mAになります。しかしスイッチをONにすると回路にR1が接続され、回路に流れる電流が約15mAに変化します。LEDは流れる電流の大きさで明るさが変わる部品なので、このしくみを使用すると、スイッチを押すとLEDの明るさが変わる回路をつくることができます。スイッチを振動スイッチにすると、振動するたびにピカピカとLEDが明るくなるしくみもつくることができます。

※ カラーコードのはなし

抵抗は、抵抗そのものだけでなく金属の足が付いている「リード抵抗」があります。この本でもよく使うリード抵抗では、抵抗の値と許容差（表示されている抵抗値と各個体の誤差の範囲）をカラーコードで示すことがあります。カラーコードとは、抵抗のボディに引かれた色の付いた線のことです。この線の色は、以下に示す表のように数字に対応しています。

線の本数は4本もしくは5本になっています。

色	数　字	倍　率	許容誤差
黒	0	1	
茶	1	10	±1%
赤	2	100	±2%
橙	3	1000	±0.05%
黄	4	10000	—
緑	5	100000	±0.5%
青	6	1000000	±0.25%
紫	7	10000000	±0.1%
灰	8	—	—
白	9	—	±5%
金	—	0.1	±10%
銀	—	0.01	±20%

- 4本線の抵抗：1・2本目の線が数値を示し、3本目が数値の乗数を示します。4本目は抵抗値の許容差を示します。
- 5本線の抵抗：1・2・3本目の線が数値を示し、4本目が数値の乗数を示します。5本目は抵抗値の許容差を示します。

- 例①

緑（5）・茶（1）・茶（1）・金（±5%）の4本が抵抗の線だった場合、抵抗値は以下のようになります。

$$51 \times 10^1 \pm 5\% = 510 \pm 5\%\,\Omega$$

- 例②

茶（1）・青（6）・緑（5）・赤（2）・金（±5%）の5本が抵抗の線だった場合の抵抗値は、以下のようになります。

$$165 \times 10^2 \pm 2\% = 16.5K \pm 2\%\,\Omega$$

※ E系列のはなし

計算上必要となった値の抵抗を、そのまま入手できるケースは多くありません。抵

抗は、1〜10までを$x\sqrt{(10^n)}$ の等比級数で分割した値をとります。よく使用されるのはx＝24の抵抗器です。この指数（Exponent）の数から、E24系列と呼ばれます。x＝24以外にも、x＝12、96などもあります。

　以下に、E24系列の数列を示します。たとえば計算上325Ωが欲しい場合などは、一番近い数字の330Ωを選択したり、300Ω＋12Ω＋13Ωを組み合わせて325Ωをつくったりします。

	1	1.1	1.2	1.3	1.5	1.6	1.8	2
E24系列	2.2	2.4	2.7	3	3.3	3.6	3.9	4.3
	4.7	5.1	5.6	6.2	6.8	7.5	8.2	9.1

※ 消費電力のはなし

　抵抗は消費電力で区分されることがあります。「1/2W抵抗」や「1/4W抵抗」と呼ばれ、頭についている数値は、抵抗に対して与えても問題ない電力を表示しています。たとえば、6Vの電池に100Ωの抵抗をつないだ回路を考えます。このとき、抵抗に流れる電流は60mAです。この抵抗が消費する電力は、以下の計算で求めます。

$$I (60mA) \times I (60mA) \times 100 = 0.36W$$

　1/2 (0.5) W ＞ 0.36W ＞ 1/4 (0.25) Wなので、1/4Wの抵抗は使用可能電力を超えているため使えません。この場合、1/2W抵抗を選択します。

※ 素材のはなし

　抵抗は素材によって区分されることがあります。よく使われるのは、炭素被膜抵抗や金属皮膜抵抗です。炭素被膜抵抗は炭素被膜を素子として作られた抵抗で、汎用品としてよく使用されています。金属皮膜抵抗は、抵抗値許容差・温度係数・経年劣化が炭素被膜抵抗よりも小さく、高精度です。

● 参考
KOA株式会社Webサイト
https://www.koaglobal.com/product/library/resistor/category

Index 索引

● 数字・記号

7セグメントLED	9
Ω（オーム）	8

● アルファベット

E系列	74
F（ファラッド）	10
Hello World	20
IC	9
ICソケット	12
LED	8
Lチカ	20
M3	45
mAh（ミリアンペアアワー）	70
MP3	52
MP3プレイヤーモジュール	10, 52
Vf	24

● あ 行

足	9
圧力センサー	11
アノード	8
アンプIC	10
いもはんだ	19
オームの法則	70
オスピンヘッダー	12
音声録音／再生IC	10

● か 行

回路図	22
回路図記号	22, 71
カソード	8
片面基板	12
カラーコード	73
基板カッター	46

空中配線	32
グルーガン	38
合成抵抗	72
小手先	21
コネクター	12
コンデンサー	10

● さ 行

実体配線図	23
順方向降下電圧	24
振動センサー	11
スイッチ	11
スペーサー	45
スライドスイッチ	11
セグメント	9
センサー	11

● た 行

チップ抵抗	8
直列接続	72
抵抗	8, 72
データシート	10
テスター	21, 27
電子回路	8
電子基板	13
電子部品	8

● な 行

ニッパー	21
熱収縮チューブ	12

● は 行

はんだ	18
はんだごて	18
はんだごて台	21
はんだ吸い取り線	21
はんだづけ	18

はんだ不足	19
はんだブリッジ	19
はんだメッキ線	21
はんだ忘れ	19
ヒートクリップ	21
ピン	9
ピンセット	21
プッシュスイッチ	11
部品カード	25
部品番号	22
フルカラーLED	36
ブレッドボード	21, 28
ブレッドボード基板	57
並列接続	72
ペンチ	21

● ま 行

マイコン	66
メスピンヘッダー	12
メロディーIC	9
モジュール	10

● や 行

ユニバーサル基板	12
予備はんだ	32

● ら 行

ランド	12
リード	9
リードスイッチ	11
リード抵抗	8
両面基板	12

● わ 行

ワイヤーストリッパー	21

〈著者略歴〉

池 上 恵 理（いけがみ　えり）

1991年生まれ、福岡県出身。
攻殻機動隊の影響で理系の道に進み、現在はソニー㈱でTV製品の設計開発を担当。大学で電子工作に出会い、とくにマイコンを使った電子工作が好きになる。会社勤務のかたわら技術雑誌の執筆を行ったり、Maker系イベントに出展するなど、現在も電子工作活動を続けている。Twitter：@dango_shippo

口絵デザイン：赤松由香里（MdN Design）
口絵写真・本文作品写真撮影：Atelier Lapinus（sayo・nana）
アイシングクッキーデザイン：Sweets HOLIC
本文部品・手順写真撮影：池上恵理
本文イラスト：池上恵理

- 本書の内容に関する質問は、オーム社書籍編集局「（書名を明記）」係宛に、書状または FAX（03-3293-2824）、E-mail（shoseki@ohmsha.co.jp）にてお願いします。お受けできる質問は本書で紹介した内容に限らせていただきます。なお、電話での質問にはお答えできませんので、あらかじめご了承ください。
- 万一、落丁・乱丁の場合は、送料当社負担でお取替えいたします。当社販売課宛にお送りください。
- 本書の一部の複写複製を希望される場合は、本書扉裏を参照してください。
[JCOPY] ＜出版者著作権管理機構 委託出版物＞

Kawaii 電子工作

2019 年 11 月 30 日　　第 1 版第 1 刷発行

著　　者　池 上 恵 理
発 行 者　村 上 和 夫
発 行 所　株式会社 オーム社
　　　　　郵便番号　101-8460
　　　　　東京都千代田区神田錦町 3-1
　　　　　電話　03(3233)0641(代表)
　　　　　URL　https://www.ohmsha.co.jp/

© 池上恵理 2019

印刷・製本　三美印刷
ISBN978-4-274-22452-2　Printed in Japan

好評関連書籍

プログラム×工作でつくる
micro:bit

MATHRAX（久世祥三＋坂本茉里子）[著]
B5変形／236ページ／定価（本体2,200円【税別】）

micro:bitで自分だけのオリジナル作品をつくろう！

　小型マイコン「micro:bit」でプログラミングの基本を学びながら、作品づくりを楽しめます。工作の材料は紙がメインなので、加工がとてもかんたんですし、材料や道具にかかる費用は少額です。プログラムと工作を組み合わせて、あなただけのオリジナル作品をつくりましょう。

《著者によるサポートページ》
https://kuze.jp/microbit-book/

電子工作でアイデアを形にしよう

平原 真［著］
B5変形／288ページ
定価（本体2,500円【税別】）

アイデア実現のための
Raspberry Pi
デザインパターン
電子回路からMathematicaによる
Arduinoコラボまで

小林 博和［著］
B5変形／342ページ／定価（本体2,900円【税別】）

もっと詳しい情報をお届けできます。
●書店に商品がない場合または直接ご注文の場合も右記宛にご連絡ください。

ホームページ　https://www.ohmsha.co.jp/
TEL／FAX　TEL.03-3233-0643　FAX.03-3233-3440

（定価は変更される場合があります）